フィールドの生物学―㉓

「幻の鳥」オオトラツグミはキョローンと鳴く

水田 拓 著

東海大学出版部

Discoveries in Field Work No. 23
Amami thrush, a phantom bird sings beautifully

Taku Mizuta
Tokai University Press, 2016
Printed in Japan
ISBN978-4-486-02118-6

はじめに

奄美大島、三月下旬の午前五時。島の最高峰である湯湾岳の中腹は、まだ夜明け前の暗闇に包まれている。森のあちらこちらで、リュウキュウコノハズクが「ツッ、コフッ、ツッ、コフッ」という鳴き声を繰り返す。「プゥー」と奇妙な声を発しながら頭上を飛び越えていくのはアマミヤマシギだ。森の奥からは「ピシーッ」と高い声がかすかに響く。アマミノクロウサギの警戒声だろう。道路脇の落ち葉の上をかさかさと動くのはアマミサソリモドキか。不用意に刺激を与えると猛烈な臭気を発するので注意が必要だ。谷底で「ヒューウ」と鳴くのはアマミイシカワガエル。渓流に下りて岩陰を探せば、日本一美しいともいわれるこのカエルの姿が見られるだろう。暗い森の中は、じつにさまざまな生き物の気配で満ちている。

五時三十分、アマミイシカワガエルが鳴いている谷のさらに向こうの方から、かすかな声が聞こえ始める。「ツィー、キョローン、キュルンツィー、キョロロン」。抑揚のある、高く澄んだ、複雑で幻想的な鳴き声。オオトラツグミだ。世界中でここ奄美大島にしか住んでいない、「幻の鳥」とも称される鳥のさえずりである。まだ薄暗い森の中に、その美しい歌声は響き渡る。

三分後、反対側の尾根の上、先ほどアマミノクロウサギの声がした方向から、今度はもっとはっきりしたオオトラツグミのさえずりが聞こえてくる。かなり近い。鳴きながらこちらに移動してくる。二羽いるのか、「キョローン」とはっきりよく響く声で鳴く個体と、もっと小さく濁った声で「ギョロン」と鳴く個体は別のようだ。二羽がすぐ近くにいながらとくに争い合う気配がないということは、もしかしたらつがいなのかもしれない。この辺りに営巣するのだろうか。

周囲が薄明るくなり始めると、「チュルリ、チュルチュルチュル」とメジロが鳴き出す。「ピー、ヒロリロリロ」と谷底から高く美しい声を響かせるのはアカヒゲだ。メジロは数が多く、すぐにあちらからもこちらからも声が聞こえ始める。アカヒゲも負けてはいない。いくつものさえずりが谷底からわき上がるように聞こえてくる。

メジロやアカヒゲが鳴き出す時間帯になると、オオトラツグミの声は辺りの明るさに溶け入るように、次第に聞こえなくなる。不思議なことに、オオトラツグミは早朝のほんのわずかな間だけさえずり、明るくなるとほとんど鳴き止んでしまうのだ。これでは明るくても姿を探すことは難しい。まさに「幻の鳥」である。

オオトラツグミのさえずりが聞こえた方向や距離、時間、個体数を地図に記入したら今朝の調査は終了だ。早起きして調査地に来ても、さえずり個体の位置や数を確認する作業ができるのは一日に一度、夜明け前の三十分ほどの間だけである。したがって、オオトラツグミの繁殖期であるこの時期は、毎日早起きして島内のあちこちに行き、そこでさえずり個体の確認作業をすることになる。

すっかり明るくなり、メジロやアカヒゲに続いてシジュウカラやヤマガラ、コゲラなどの声も聞こえ始める。るり色とレンガ色のコントラストが美しいルリカケスも、その美しさには似つかわしくない「ギャー、ギャー」という騒がしい声を響かせる。森の鳥たちがもっとも活気に満ちる時間だ。もう一か月もすれば夏鳥のアカショウビンやサンコウチョウも渡ってきて、鳥たちの競演はさらに賑やかになるだろう。

鳥たちの声を聞きながら、ほんの少しの間だけ、と自分に言い訳をし、身体をアスファルトの上に横たえる。こんな時間帯に通る自動車などいないので、少しぐらい寝転んでいても平気だろう。しかしいくら南の島とはいえ、三月早朝の奄美大島はけっして暖かくはない。気温は摂氏十度を少し上回るくらいだろうか。それでも防寒着を着込んでいるため、寒さに震え上がるほどのことはない。硬く冷たいアスファルトの上でも寝転がると心地よく、眠るまい、眠るまいと思いながらも、意識は次第に遠のいていく。

自分はなぜこんなところでこんなことをやっているのだろう。憧れるままに入った研究の世界だが、いくつかの調査地で、いくつかの種を対象に研究を続けてきた結果、なぜか奄美大島にたどり着いた。ここに来て十年になるが、しかしこの先、たとえばさらに十年後、自分はいったいどこでなにをやっているのだろうか。遠のく意識の中で、来し方行く末をぼんやりと思ってみる。

口絵1　奄美大島のみに生息するオオトラツグミの子育て（常田 守氏提供）

口絵2　奄美群島のみで繁殖するアマミヤマシギ

口絵3　奄美大島と徳之島のみに生息するアマミノクロウサギ

口絵4　奄美大島，加計呂麻島，請島，枝手久島のみに生息するルリカケス(高 美喜男氏提供)

口絵5　奄美大島，徳之島，沖縄島のみに生息するケナガネズミ

口絵6　奄美群島のみに生息するアマミハナサキガエル

口絵7　3月，新緑の森林.「サンガツハーヤマ（三月赤山）」といわれるように，この時期の新芽は赤っぽいものが多い

口絵8　山の中に人知れず存在する巨大なガジュマルの木

口絵9　奄美大島でもっとも長い川である大川の上流部

口絵10　住用川と役勝川の河口に広がるマングローブ林

口絵11　奄美大島北部にある大瀬海岸．広大な干潟はバードウォッチングポイントとして有名

口絵12
大和村今里集落の沖合いにある小島，
立神．古くからの信仰の対象だ

目次

第3章　憧れの地マダガスカル――43

第1章 鳥の研究を始める

サンコウチョウのオス．長船裕紀氏提供

二〇〇六年から環境省奄美野生生物保護センターで「自然保護専門員」という肩書きの職を務めている。業務の内容は多岐にわたるが、主要な仕事は冒頭で述べたようなオオトラツグミの調査である。なぜ奄美大島に移り住んでそのような仕事をするようになったのか。ここを目指して一直線に進んできたわけではもちろんない。振り返ってみれば、奄美大島に至るまでにはいろんなことがあり、多くの選択肢があちこちにあった。そのたびに行き当たりばったりの選択を繰り返し、結果的にここに至った、というのが正確なところである。そこで、まずは奄美大島にたどり着くまでの経緯について、順を追って書いてみたいと思う。少々長くなるが、それは、オオトラツグミを対象に現在行っている調査の内容に、直接的、あるいは間接的に、大きく影響を与えた過程でもあるからだ。

研究生活の始まり

高校生のころから漠然と動物を相手にした仕事がしたいと思っていた。一方で、外国に行きたいという憧れも強く持っていた。「生態学」という学問がこの世にあることを知ってからは、動物を追って世界各地に行き、その生態を研究することができればなんて楽しそうだろう、と考えるようになった。それを実現するためにはまず大学に入らねばならない。生態学を学べるのは大学の理学部というところだ。理学部があって生態学の講義をしている大学はどこか。調べた限りでは、当時、生態学が学べる大学はそれほど多くはなかった。それでも探しているうちに、生まれ育った京都からほど近い大阪市立大学の理学部で、生態学や行動学といった講義をやっていることがわかった（自宅からもっとも近い大学である京都大学の理学部にもその手の講義はあったが、残念ながら学力が足りなかった)。より詳しいことを知るために思い切って大阪市立大学に電話してみると、事務の方は親切にも理学部の「動物社会学研究室」というところに電話を回してくれた。そこで対応してくれた研究室の大学院生らしきお兄さんは、この研究室には魚類と哺乳類と鳥類の生態を研究している先生たちがいること、学生もそれらの動物について研究していることなどを丁寧に教えてくれた。まさに、わたしが望んでいるような研究をしているところだ。それ以来、大阪市立大学に入ることを目標にして受験勉強に励んだ。

一年間浪人した後になんとか大阪市立大学理学部生物学科に入学することができたが、よくありがちなことに大学に入ってからはあまり勉強せず、山登りとバードウォッチングの二つのサークルに所属して、山に登ったり鳥を見に行ったり、という生活を三年間送った。三回生の末に所属する研究室を決めることになり、迷わず動物社会学研究室を選んだが、この三年の間に鳥を見ることを面白く感じるようになっていたので、研究対象は鳥類にすることにした。当時、動物社会学研究室で鳥類の研究をしていたのは山岸哲教授。日本でもっとも著名な鳥類研究者の一人である。

山岸先生はそのころマダガスカルで研究をされていた。マダガスカルはアフリカの東に浮かぶ島で、一億五千万年前というとてつもなく古い時代に大陸から離れ、以来大陸と地続きになることがなかったため、アイアイをはじめとするキツネザルの仲間や数多くのカメレオンの仲間、幹の太い奇妙な形の木バオバブなど、不思議な生物が存在する「進化の実験室」とも呼ばれるところである。山岸先生はそこで「オオハシモズ科」というさまざまな形のくちばしを持つ鳥類のグループの適応放散について研究をされていたのだ。山岸先生が出版された『マダガスカル自然紀行』(山岸、一九九一)という本には、そのオオハシモズ科の鳥たちを追ってマダガスカルを探検する、とてもわくわくするような話が書かれていた。異国での楽しみや苦労話も生き生きと描かれていて、「動物を追って世界各地に行きたい」と考えていた学生にとっては、まさに憧れを形にしたような本だった。この本を読んでいたく感動したわたしは、ぜひ山岸先生のもとで研究がしたいと強く願ったのである。

初めて研究室を訪れたときのことは、今でもよく覚えている。動物社会学研究室に所属したいこと、鳥類を対象としたいこと、できれば大学院に進んで研究の道に進みたいことを告げると、山岸先生はまず「なにか研究したい種やテーマはあるか」と質問された。ただただ漠然と「動物を追って世界各地に」などと考えていただけなので、対象種も研究テーマも考えてはいない。とくに決まっていませんと答えると、なんと先生は「マダガスカルサンコウチョウという鳥がいる。大学院に進学できたらマダガスカルに連れて行ってやるから、その鳥の研究をやってみるか」とおっしゃったのだ。マダガスカル！　むさぼるように読んだあの『マダガスカル自然紀行』の舞台に、自分が実際に行くことができる！　その鳥が調査対象としてなぜ面白いのかについてはよくわからないまま、一も二もなく「やります」と答えた。それから数日は、「マダガスカル」と「サンコウチョウ」という単語が頭の中をぐるぐると回っていた。

山岸先生がオオハシモズ科鳥類の適応放散の研究の傍らマダガスカルサンコウチョウに目をつけて研究されていたのにはもちろん理由がある。この鳥のオスには白色型と赤色型の二つのタイプがあり、それらが同所的に生息しているのだ。白と赤というとてもはっきりした二型があり、しかもそれがオスのみに見られる種なんて、世界中を探してもそうはいない。白色型と赤色型は生まれたときから決まっているのだろうか、それともある年齢に達するとどちらかの色になるのだろうか。そこにはどのような意味が隠されているのか。マダガスカルサンコウチョウは研究対象としてとても魅力的な鳥なのだ。山岸先生は、動物社会学研究室の大学院生であった浦野栄一郎さん（故人）とともにこの鳥の予備的な調査を開始されていた。しかし浦野さんは就職が決まっており、調査を続ける人間がいない。そんなときにわたしがのこのこ現れたので、ちょうどいい、じゃあ続きはこいつにやらせよう、ということになったのだろう。

しかし、研究対象が決まっても実際にマダガスカルに調査に行くのは翌年以降のことであり、まずは卒業研究にとりかからなければならない。そもそもの大前提として大学院入試に合格する必要もある。来たるべきマダガスカルサンコウチョウとの対面の準備として、山岸先生の提案で、日本にいるサンコウチョウを卒業研究の対象とすることにした。

サンコウチョウを追う

大学に入ってバードウォッチングを始めていたので、もちろんサンコウチョウ *Terpsiphone atrocaudata* という鳥は知っていた。オスの尾羽が極端に長く、体は金属光沢のある黒紫色、コバルトブルーのアイリング（目の周りの肉質のひだ）も色鮮やかな、バードウォッチャーの憧れの鳥の一つである。さえずりが「ツキ、ヒ、ホシ、ホイホイホイ」と聞こえるため、月、日、星の三つの光の鳥、「三光鳥」という名前がつけられている。メスは赤茶色で尾羽も長くはなく、オスに比べると地味な印象である。そういう知識はあったものの、じつはこの時点でわたしはサンコウチョウという鳥を見たことがなかった。サンコウチョウのように、日本より南の地域で越冬し、春に日本に渡ってきて繁殖を行い、秋になるとまた南に渡っていく鳥のことを夏鳥と呼ぶが、一九九〇年代はその夏鳥の急激な減少が報告されている時期だった（Higuchi and Morishita, 1999）。サンコウチョウは夏鳥の代表ともいえる種で、当時、個体数が全国的に激減していたのだ。それでも静岡県の太平洋側には比較的多くの個体が渡ってきて繁殖していることは知られていた。静岡県の県鳥はサンコウチョウだし、静岡県磐田市をホームタウンとするJリーグのジュビロ磐田のロゴマークにもサンコウチョウが描かれている。

調査地を決めるに当たり、当時、静岡県でヒメアマツバメの調査をされていた研究室の先輩の堀田昌伸さん（現長野県環境保全研究所）から、静岡県掛川市にお住まいの太田峰夫さんを紹介してもらった。そして、その太田さんに案内を請うて、掛川市でサンコウチョウの調査を行うことになった。

一九九二年の四月上旬、バイクに調査道具をいっぱいに積んで、大阪から意気揚々と掛川市に向かった。太田さんは地元の自然にたいへん詳しい方で、わたしが到着したその日から、付近でもっとも自然の豊かな地域である小笠山をはじめ、あちこちを案内してもらった。まだサンコウチョウが渡ってくる前だったが、サンコウチョウが毎年繁殖している場所も教えていただいた。最初の数日は太田さんのお宅に泊めていただき、その後は太田さんの勤務先の会社の一室を間借りして生活させてもらうことになった。太田さんとそのご家族には、調査をする上でも生活をする上でもたいへんお世話になった。食事をご馳走になったり、生活費の足しにと環境アセスメントのアルバイトを紹介してもらったり、ともかく調査がうまくいくようなにかと援助をしていただいた。太田さんの助けがなければ調査などまともにできなかったに違いない。

しかし手厚い助けがあったとはいっても、なにせ生まれて初めての野外調査である。しかも相手は見たことのない鳥だ。右も左もわからないまま、太田さんに教えてもらった小笠山周辺の繁殖地を歩き回る日々が続いた。オオルリやキビタキなど他の夏鳥はすでに渡ってきているのに、サンコウチョウの姿はまだ見られない。

調査対象の動物が見つからないと、あせりや不安がつのった。

五月二日、いつものように繁殖地の一つの沢沿いを歩いていると、朗らかに口笛を吹くような声が聞こえてきた。初めて聞く声だが、それがサンコウチョウのさえずりであることはすぐにわかった。有名な聞きなしである「ツキ、ヒ、ホシ、ホイホイホイ」とは聞こえず、「ヒッヒッ、ホイホイホイ」と聞こえる声だ。最初の「ヒッヒッ」は「ギッギッ」になることもある。これは警戒するときの声である。一瞬見えた影は、図鑑に描かれている通りの長い尾羽を持つ、オスの美しい姿であった（この章の扉写真参照）。

その後は次第にあちらこちらでサンコウチョウのさえずりが聞こえるようになり、姿も見るようになった。すぐに気づいたのは、どの個体もかならずといってよいほど沢沿いで鳴いているということである。一つの沢に一羽のオスがなわばりを構えている、という印象だ。小笠山の周辺は東にある牧之原台地につながる丘陵地で、深い谷がたくさん刻まれた「ケスタ」と呼ばれる独特の地形を有している。谷が多く、そこここに沢のあるこの地形が、サンコウチョウの生息に適しているのかもしれない。また、広葉樹林だけでなく、意外にもスギやヒノキの植林地でもサンコウチョウの姿は見られた。サンコウチョウの生息環境がある程度把握できたので、それからは沢沿いを歩いてはサンコウチョウの有無を確認し、いればその個体をなるべく追いかけて巣を探す作業を続けた。

夜は大学院入試の準備もかねて、当時日本語版が出版されて日本の生態学者に大きな影響を与えていたクレブス・デイビス（一九九一）の『行動生態学』を読み、また先輩に送ってもらったその原著のコピーを、辞書を引きながら、しばしば日本語版を横目で見ながら、読み進んだ。が、昼間の調査の疲れもあって受験勉強はあまりはかどらなかった。

サンコウチョウの子育て

　毎日調査地に通いつめたおかげで、サンコウチョウの巣がいくつか見つかり始めた。巣を見つけるのは容易ではなかったが、見つけた巣の観察を続けるうちに、なんとなくコツのようなものがつかめてきた。巣に入る際の親の飛び方が、普通に移動するときの飛び方とは少し違うように感じられるようになってきたのだ。その違いを言葉で表すのは難しいが、巣に入るときは、なんというか、目的を持った強い意志のようなものを感じさせる飛び方なのである。だから、そういう飛び方を見たときにはその先に巣があるかもしれないと予想して、その方角を重点的に探すようにした。もちろん、くちばしに巣材や雛に与える餌をくわえて飛んでいればその先に巣があるのは確実なので、そのような姿を見ると巣が見つかるまで執念深く追いかけた。その努力の結果、全部で十二個の巣が見つかった。発見した巣では、二十メートルほど離れた場所にブラインド（鳥に警戒されないよう隠れて観察ができる簡易テントのようなもの）を張り、その中にこもって巣の観察をした。誤解している人も多いと思うが、鳥の巣というものは、一般的には繁殖、つまり子育てをするためだけに使用されるものである。巣を観察するということは、言い換えれば子育ての観察をするということである。

　運よくほとんど作り始めたばかりの時期に発見できた巣が二つあり、巣作りの様子も観察することができた。巣作りはオスとメスが共同で行っており、作り始めから完成までに七日ほどかかっていた。それまでに発表されていたサンコウチョウの研究論文（秋山、一九六八）には、巣作りはメスのみが行うと書かれていたが、わたしの観察では雌雄ともほぼ同じ程度の割合で巣作りの作業をしていた。両親は、くちばしにくわえて運んできたスギやヒノキの木の皮、乾いた草、コケなどを、くちばしの周りいっぱいにくっつけてきたクモの糸で丹

表1・1　発見したサンコウチョウの巣の特徴．Mizuta (1998a) を改変

巣の番号	オスの尾羽の長さ	営巣木の種類	巣の高さ (m)	造巣開始日 (推定を含む)
N 1	長	つる植物	9.1	5月20日
N 2	長	広葉樹	5.7	5月21日
N 3	長	つる植物	9.4	5月24日
N 4	長	つる植物	14.8	6月3日
N 7	長	針葉樹	12.6	6月9日
N10	長	針葉樹	5.0	5月29日
N 5	短	広葉樹	15.0	6月2日
N 8	短	つる植物	12.8	6月20日
N11	短	つる植物	15.6	6月9日
N12	短	つる植物	6.5	6月18日
N 6	不明	広葉樹	8.2	不明
N 9	不明	針葉樹	10.4	不明

念につなぎ合わせて、深いカップ状の巣を作る。巣は広葉樹の枝の股やスギやヒノキなどの針葉樹の枝先、広葉樹に絡まったつる性の植物の上などに作られていた。巣の位置は高く、平均すると約十・四メートル。発見した巣でもっとも低いものは五・〇メートル、もっとも高いものは十五・六メートルだった（表１・１）。

巣が完成すると産卵が始まり、両親は抱卵を開始する。抱卵とは巣の中に座って卵を温める行動で、これはメスの方が長い時間行っていた。オスも抱卵はするが、巣の縁にとまって見張りのような行動をとっている時間の方が長かった。抱卵の期間（最初の卵が産みこまれてから孵化するまで）は約十五日間。雛が孵化すると親の仕事は増える。巣に座って雛を温める抱雛の他に、雛への給餌も行わなければならないからだ。抱雛時間もメスの方がオスよりも長く、オスはやはり巣にとまって見張りをしている時間が長かった。さらに給餌回数も多くの巣でメスの方が多かった。しかし、オスの方が多く給餌する巣や、オスがまったく来ずにメス一羽だけで雛を育てている巣も見られた。育雛の期間（孵化から雛の巣立ちまで）は八日から十二日、平均すると十日ほどであった。

尾羽の長いオス、短いオス

尾羽の長いオスを初めて観察してからちょうど一か月後、六月二日に奇妙な巣を発見した。巣に来る個体二羽とも赤茶色で尾羽が短く、メスが二羽で子育てをしているように見えるのだ。しかしよく見ると、一方の個体はアイリングが大きくその色も鮮やかである。これはメスではなく、メスによく似たオスのようだ（図1・1参照）。発見した十二巣のうち、六巣は尾羽の長いオスの巣だったが、四巣はこのメスに似た尾羽の短いオスの巣であった（残る二巣は放棄された後に発見したため親は不明：表1・1）。尾羽の短いオスは、渡来の時期こそ尾羽の長いオスより遅かったものの、個体数は少なくはない。サンコウチョウのオスには、黒紫色で尾羽の長いオスと、メスと同じような赤茶色で尾羽の短いオスの少なくとも二つのタイプがいるといえそうだ。この赤茶色で尾羽の短い個体は若いオス、おそらく前年生まれの一歳の個体であると考えられる。若いオスは、サンコウチョウのトレードマークである長い尾羽を持たず、羽色もメスに似た赤茶色をしながら、ちゃんとメスを獲得し繁殖を行っているのだ。ただし、渡ってくるのが遅いためか、繁殖の開始は尾羽の長いオスよりも遅かった。

若い個体がメスとよく似た色彩や形態を持ちながら繁殖を行う鳥は他にも知られており、この特徴は「遅延羽色成熟（Delayed Plumage Maturation：ＤＰＭ）」と呼ばれている。ＤＰＭについては数多くの研究が行われており、その機能についてもさかんに議論されている。たとえば、メスに擬態することで成鳥のオスをだましているのだとか、いやいや成鳥のオスはだまされなどしないが、若いオスがこうして羽衣によって劣位であることを示しているので大目に見てやっているのだなど、さまざまな説が提唱されているのだ。

サンコウチョウのＤＰＭについては、人間が見ても若いオスだとわかるくらいなので、成鳥のオスがそれで「だまされる」なんてことはまずないだろう。一方、遅くに渡ってきた若いオスが、すでになわばりを構えている成鳥のオスのそばでなわばりを形成していたことから、若いオスはメスによく似た羽衣により劣位であることを示し、そこに定着することを大目に見てもらっているということはありそうだ。成鳥である長い尾羽のオスにとっても、若いオスの定着を許すことには利益があるのかもしれない（その利益については後述したいと思う）。

サンコウチョウを対象としたわたしの卒業研究は、この鳥の子育ての様子、つまり繁殖生態を記載し、若いオスがメスとよく似た色彩や形態を持ちながらも繁殖をしていること、若いオスの渡来時期は成鳥のオスよりも遅く、したがって繁殖開始時期も遅いことを示したものとなった（Mizuta, 1998a）。サンコウチョウでもＤＰＭが見られることが、わたしにとっては新しい知見であった。わずか四か月ほどの期間だったが、野外研究の楽しさとたいへんさを実感した調査であった。

コラム　掛川市での生活

初めての野外研究で、しかも自分一人で行っていたものだから、研究の進め方がこれでいいのか、間違ったことをやっているのではないか、などと不安になることは多々あった。研究を始めたばかりの学生は多かれ少なかれみんなそうかもしれないが、頑張って調査を進めていても、それが意味のあることなのか、それとも徒労なのかというところの判断がつかず、考え込むことも少なくなかった。大学院への進学をやめようとは思わなかったが、研究の道に進むよりも就職する方がよっぽど楽な選択かもしれないな、などと考えたりもした。ずっと森の中で調査をしているものだから、気づけば数日間人と話をしていない、ということもしばしばあり、この孤独感も思いのほか辛いものだった。

一方で、このように不安や孤独感はあったものの（あったからこそ、かもしれない）、サンコウチョウの声を聞き、美しい姿を見たときは嬉しかった。サンコウチョウを観察し、それが意味のあることかどうかはともかく、なんらかのデータが集まっていくのは充実感の得られる作業だった。

サンコウチョウだけでなく、自然豊かな小笠山周辺ではさまざまな動物を見ることができた。ブラインドの中でじっと息を殺してサンコウチョウの巣を観察していると、ノウサギやタヌキがこちらに気づかずに近づいてくることもあったし、キビタキのオスがオレンジ色の喉もとを誇示してメスに求愛する姿を見かけたりもした。沢の横の崖にひっそりと作られたオオルリの巣を見つけたこともあれば、調査地で知り合ったバードウォッチャーとともに山奥のダムまでブッポウソウの巣を見に行ったこともあった。また、掛川市はお茶の産地なので調査地の周りにも茶畑が広がっており、茶摘みの時期には休憩中の農家の方に思いがけずお茶をご馳走になることもあった。こういう些細な人との関わりも、今思えば不安や孤独感を和らげるのにずいぶん役立っていたのだろう。

当たり前のことだが、研究を進めるのは楽しいことばかりではない。でもたいへんなことばかりでもない。憧れていた野外研究は、実際にやってみると漠然と思い描いていたものとはずいぶん異なっていたが、楽しさがたいへんさをなんとか上回っていたからこそ、その後も研究を続けられたのだと思う。初めての野外調査でそういうふうに思えたのは幸運だった。太田峰夫さんをはじめ、お世話になった方々にはあらためて感謝したい。

美しいオスの謎

サンコウチョウという鳥の面白さは、なんといってもオスの尾羽が極端に長いというところにある。なぜサンコウチョウのオスの尾羽はあんなに長いのだろうか。それを考える前に、まずは生き物のオスの装飾に関する一般的なお話をしておこう。

たとえばインドクジャク *Pavo cristatus*。クジャクがたくさんの目玉模様のついた美しい尾羽を持っていることはだれもが知っている（正確には尾羽ではなく、上尾筒と呼ばれる羽根である）。しかしこの美しい飾りは、考えてみればオスだけが持つ特徴だ。クジャクのメスの上尾筒はオスほど長くはないし、きれいでもない。クジャクのように形態や色彩に雌雄差があることを、「性的二型がある」と表現するが、なぜある種の動物ではオスのみが目立つ性的二型があるのだろう。これは進化論を考えついたダーウィンを悩ませた大問題である。

悩んだ末にダーウィンは「性淘汰」という概念を思いついた。性淘汰とは、生存する上で一見不利そうな形質でも、異性を獲得する上で有利であれば、その形質は進化しうるというものだ。つまり、ある形質を持つことが、より多くの異性を惹きつけ、その結果としてより多くの子を残すことにつながるのなら、その形質はたとえ生きていくのに役立たなくても、次世代に受け継がれていくことになる。しかし、性淘汰の考え方は「異性を惹きつける」という擬人的なものであったため、すんなりと受け入れられたわけではなかった。それはそうだろう。人間以外の動物に「どんな異性が好きですか」などと問うても答えてはくれないし、そもそも人間以外の動物に「異性に惹かれる」などという感情があるのか知りようがない。それなのに、ある形質が「異性を惹きつける」かどうかなんて、どうして調べればよいのだろう。

この難題を鮮やかに解いてみせたのがマルテ・アンダーソンだ（Andersson, 1982）。アンダーソンは、アフリカに住むコクホウジャク *Euplectes progne* という鳥に目をつけた。コクホウジャクはスズメくらいの大きさの鳥だが、オスは五十センチメートルにも及ぶ長い飾りのような尾羽を持っている。この長い尾羽がメスを惹きつける形質として役立っているのではないかと考えたアンダーソンは、オスの尾羽を切って短くしたり、反対に付け足して長くしたりして、それらのオスがその後何個体のメスとつがい関係を持つか調べてみた。すると結果は一目瞭然、尾羽を長くされたオスは、普通の長さのオスや短くされたオスに比べ、より多くのメスとつがいになったのである。ダーウィンの死後じつに百年が経ってから、性淘汰というものが実際に働いていることがコクホウジャクで証明されたのだ。このアンダーソンの研究以降、性淘汰を扱った研究はおおいに流行し、論文も数多く出版されることになった。

ここでちょっと考えてみよう。クジャクやコクホウジャクは、一羽のオスが複数のメスとつがい関係を持つ「一夫多妻」と呼ばれる配偶様式を持つ鳥である。一夫多妻の鳥では、もてるオスは複数のメスと同時につがいになれるために、もてればもてるほど残すことのできる子の数は多くなる。つまり、これらの鳥ではもてるために派手な飾りを持つのはとても意味のあることなのだ。しかし、世界に一万種ほどいるといわれる鳥類の九割以上は、一羽のオスが一羽のメスとだけつがい関係を持つ「一夫一妻」の配偶様式を持っている。一夫一妻の鳥では、もてるオスでもそれほどもてないオスでも、一度の繁殖で獲得できるメスの数は一羽だけである。ということは、どんなにもてても残せる子の数が極端に増えるわけではなく、一夫一妻の鳥では派手な飾りを持つ意味があまりなさそうだ。ところが、である。我らがサンコウチョウは、一夫一妻であるにもかかわらず、オスが極端に長い尾羽を持つという著しい性的二型が見られるのだ。尾羽が長かろうが短かろうが、つがいになれるメスは一羽のみ。それなのになぜ、サンコウチョウのオスはあんなに長い尾羽を持っているのだろう。

サンコウチョウの尾羽が長いのは

結論をいえば、それは「まだわかっていない」ということになる。

一夫一妻の鳥のオスでも美しい飾り羽を持つ例があることはダーウィンも気づいていて、彼はそれを「一夫一妻でも、よりよいメスを獲得し、より早く繁殖を始めることが有利になるなら飾り羽は進化する」と説明している。実際、一夫一妻のツバメ *Hirundo rustica* を用いてこのことを調べたのがアンダース・メラーだ（Møller, 1988）。メラーは、アンダーソンと同じようにツバメのオスの尾羽を切ったり貼ったりして、そのもて具合を調べてみた。すると、尾羽を長くしてやったオスはより早くメスを獲得して繁殖を開始していた。ただしそれだけではない。なんと、尾羽を長くされたオスは、自分のつがい相手だけでなく他の巣のメスとも交尾をして、他の巣にも自身の子を残していたのだ。他のオスの子をそうと知らずに育てさせられたオスは、かわいそうに尾羽の短いオスだった。このように、つがいの間ではなくそれ以外の個体同士が交尾をすること、平たくいえば浮気であるが、これを行動生態学の世界では「つがい外交尾」と表現する。一夫一妻のツバメでも、尾羽が長いことはつがい外交尾を通して多くの子を残せるという点で有利だったのだ。メラーのこの実験から、一夫一妻の鳥でも性淘汰が働き長い尾羽は進化しうることが示された。

おそらくサンコウチョウでも、尾羽の長いオスは短いオスよりもメスによくもて、その結果よりよいメスを獲得しより早く繁殖を開始できるのではないかと予想される。さらに尾羽の長いオスはつがい外交尾を通して

図1・1
雛に給餌するために巣を訪れるサンコウチョウ．比べて見るとすぐわかるが，これらはすべて同一の巣で撮られた写真である．(a) 巣の持ち主は尾羽の短いオスと (b) メスのペア．ここに，(c) この巣とは関係ないはずの尾羽の長いオスが給餌に訪れる．尾羽の長いオスがなぜ関係のない巣に給餌に来るのか，非常に興味深い行動である．藤井・渡邊 (2012) を参照のこと．藤井忠志氏，渡邊 治氏提供

自分の巣以外に子を残しているという可能性も考えられる。先ほどDPMの説明のところで、「長い尾羽のオスにとっても、若いオスの定着を許すことには利益があるのかもしれない」と書いたが、その利益とは、若いオスの定着を許すことで若いオスのつがい相手のメスを誘惑し、こっそりと子を残す機会が得られるかもしれない、ということだ。これと関連するかもしれない興味深い観察を、岩手県立博物館の藤井忠志さんらが報告されている（藤井・渡邊、二〇一二）。その観

察とは、あるサンコウチョウの巣に二羽のオス（尾羽の短いオスと長いオス）が来て雛に給餌していた、というものである（図1・1）。短いオスの方がその巣の本来の持ち主であったが、尾羽の長いオスは、短いオスやメスに追い払われながらも短いオスとあまり変わらない頻度で雛に給餌していたそうだ。餌を捕ってきて雛に与えるというのはかなりの重労働なので、通常、自分と遺伝的なつながりのない雛のためにそんな「利他的な」行動をするなんてあまり考えられない。ということは、この観察における尾羽の長いオスと巣の中の雛の間には遺伝的な関係があったのではないか、つまりその巣の持ち主であるメスと尾羽の長いオスの間でつがい外交尾が行われていたのではないか、と想像されるのだ。この尾羽の長いオスによる給餌行動が、七月九日から十一日とサンコウチョウの繁殖期の終盤に観察されていることにも注目したい。尾羽の長いオスは、もししたら自身の巣での繁殖がすでに終了しており、その後によその巣へ給餌に訪れていたのかもしれないのだ。この巣に自分の遺伝子を持つ子が含まれているのであれば、尾羽の長いオスにとってはこの給餌は十分意味のある行動だと考えられる。一つの巣に複数のオスが給餌に訪れるという観察例はサンコウチョウでは少なからずあり、藤井さんらの観察はけっして例外的なものではないようだ。

以上のように、サンコウチョウのオスの長い尾羽は、ツバメの場合と同じようにつがい外交尾の際にメスを惹きつけるのに重要な形質なのかもしれない。ただし、「かもしれない」を連発していることからもわかるように、これはあくまで想像の域を出ないお話である。これが想像に過ぎないのか、それとも事実なのかを知るためには、二羽のオス、メス、雛のすべての個体のDNAを採取し、親子判定を行うことで確かめてみなければならないだろう。わたしはサンコウチョウの調査で（そして後述するがその後に調査した別のサンコウチョウ属の鳥でも）、そこまで調べることはできなかったし、わたし以外にも何人かの研究者がサンコウチョウ属のオスの尾羽の長さの謎に挑んでいるが、今のところ上述の想像のようなわかりやすい結果は得られていないようだ。サンコウチョウはなかなか一筋縄ではいかない、だからこそ魅力的な鳥なのである。

第2章 南国タイでの野外調査

バーン・ティアオにある低地林プロジェクトのオフィス

卒業研究として静岡県で行っていたサンコウチョウの野外調査から戻り、大学院入試にもなんとか合格することができた。同じころに日本鳥学会の大会が大阪市立大学で開催され、わたしの所属する動物社会学研究室が準備をすることになっていたため、学部生最後の年を忙しくも楽しく過ごしていた。ところが。サンコウチョウのデータを卒業研究としてまとめ始めたその年の秋に、たいへんなことが発覚した。なんと山岸先生がマダガスカルでの研究を継続すべく申請していた科研費が、不採択という結果になったのだ。ということはわたしもマダガスカルに連れて行ってもらえないではないか。せっかく大学院に合格し、行く気満々でいたのに。どうしようか。

マダガスカルに行けない

大学院での研究課題として、マダガスカルサンコウチョウ以外にもいくつかの選択肢があった。たとえばエナガ *Aegithalos caudatus* の共同繁殖に関する研究や、クロサギ *Egretta sacra* の色彩二型に関する研究などがそれである。エナガは体重が十グラムに満たない小さい鳥で、一つの巣に複数個体が訪れて共同で繁殖することが知られていた。これはサンコウチョウの複数オスによる給餌とは異なり、血縁関係のある個体が繁殖個体のお手伝いをする「ヘルパー」と呼ばれる行動であると考えられていたが、繁殖個体とヘルパー個体の血縁関係を調べた研究はまだ行われていなかった。きちんと調べればとても面白い研究になる。一方のクロサギは、名前が示す通り全身が黒色（というより濃い灰色）をしたサギなのだが、あろうことか全身が真っ白い個体もいる。クロサギの白色型と呼ばれる、形容矛盾もはなはだしい詐欺のような存在だ。白色型はアルビノのような突然変異ではなく、オスにもメスにも見られる種内の色彩二型である。本州にいるのはほとんど黒色型だが、琉球列島では黒色型と白色型が同所的に生息している。しかも、琉球列島を南下するにしたがって白色型の割合が増えていくという（Itoh, 1991）。琉球列島でこの二型の採食場所や採食様式、食べる餌の種類などを比較すれば面白かろうというわけだ。今から考えれば両方とも興味深い研究課題である。とくにクロサギの研究は、研究しながら琉球列島の島々を巡ることができそうでとても魅力的だ。しかし当時のわたしはマダガスカルにとりつかれていたので、どちらの研究にもあまり乗り気になれなかった。静岡県で卒業研究の続きをやるという選択肢もあったが、その年に取れたデータがあまりに少なく、山岸先生をあきれさせた矢先だったこともあって、その調査を継続してきちんとした研究に仕上げられるか不安だった。

ちょうどそのころ、タイのマヒドン大学の教授であるピライ・プーンスワッド（Pilai Poonswad）さんが、山岸先生のもとで学位論文をまとめるために大阪市立大学に留学されていた。ピライさんはサイチョウという大型の鳥類を研究している研究者で、世界自然遺産として有名なカオヤイ国立公園をはじめ、タイの各地で調査をされている。ピライさんの活躍については、フィールドの生物学シリーズの一冊である北村俊平さん（現石川県立大学）の『サイチョウ―熱帯の森にタネをまく巨鳥―』に書かれている（北村、二〇〇九）。そのピライさんが、マダガスカルに行けなくなって途方にくれているわたしに、サンコウチョウならタイにもたくさんいるよと教えてくれた。東南アジアにいるサンコウチョウはカワリサンコウチョウという種で、日本のサンコウチョウやマダガスカルサンコウチョウとは同属の別種である。個体数が減少しているサンコウチョウとは違い、カワリサンコウチョウはかなり数が多いそうだ。しかも図鑑を見ると、マダガスカルサンコウチョウと同じくオスのみに白色型と赤色型の色彩二型があるらしい。これはなかなか興味深いではないか。

ならばタイに行こう

しかし、だからといって「マダガスカルに行けないならばかわりにタイに行こう」などと考えるほどわたしは短絡的ではない。日本で行った卒業研究でさえそれなりに苦労があったのだ。いきなり一人でタイに行っても苦労はさらに多そうだし、そう簡単に研究なんてできるものではないだろう。だがそれはそれ、外国に対する憧れは依然強く持っていたので、テレビの動物番組を見るような気持ちで、ピライさんからタイのカワリサンコウチョウのことやピライさん自身の研究のお話を、英語のヒアリングはおぼつかないながらもいろいろ聞かせてもらった。ピライさんはわたしのたどたどしい英語をさりげなく訂正しながら、親切に対応してくれた。もちろん、だからといって「よし決めた、タイに行こう」と決断するほどわたしは思い切りがよいわけではない。自分の進路に関わる話というより、半ば夢物語のような気分でピライさんの話を聞いていたのだ。

ところがあるとき、ピライさんも交え研究室の先輩たちと大学の食堂へ昼ご飯を食べに向かっている途中、ピライさんがなにを思ったのか唐突に、「ミズタさんはタイで調査することをほとんど決心した」と宣言してしまったのだ。先輩たちは驚いたが、わたしはもっと驚いた。しかし、いやまだ決めたわけではありません、と弁解するより早く先輩から「えーほんとか水田、すごいなあ、思い切ったなあ」と妙に感心されてしまい、なんだか否定する機会を失ってしまった。それで、自分で決めたというよりも半ば成り行きのような形で、よし、それならまあとりあえずタイに行ってみるか、という気になったのである。

今から考えれば、じつはその時点でタイに行くことにかなり気分が傾いていたのだと思う。それなのにいろいろ考えて、結論を出すのを先延ばしにしていたのだ。ピライさんにどんと背中を押されて、それでなんとか決断することができたようなものだ。もしかしたらピライさんは、優柔不断なわたしを見てあえて決意を促すようなことを言われたのかもしれない。

そうと決まればあれこれ考えたってしょうがない。山岸先生はマダガスカルの研究を続けるため科研費の再申請をされるそうだし、まずは前期博士課程でカワリサンコウチョウの調査をしてみよう。その間に科研費の申請が通れば、マダガスカルはその後、後期博士課程に進学すれば連れて行ってもらえるだろう。マダガスカルの前哨戦としてタイに行くのもよい経験になるかもしれない。

これも今から考えれば、であるが、たいした卒業研究もできていない学生がいきなり海外調査に行くなんてことを、山岸先生はよく許してくれたものだと思う。動物社会学研究室には学生がやりたいことをやらせるという気風があったが、それにしても、危険も伴うであろう海外での野外調査に学生一人で行かせるなんてことは、指導教官としてはかなり勇気のいる判断だったに違いない。わたしは自分で決めたことなので先生には迷惑をかけていないような気分でいたが、まったくそんなことはなく、じつは大きな負担をかけていたのだろう。今さらながら山岸先生には頭が下がる思いだ。

とにかくその後は、データは少ないながらもサンコウチョウの研究をなんとかまとめ、卒業研究発表を行った。同時に、先にタイに帰国されたピライさんと連絡を取りつつ、ビザの申請や航空券の購入、海外での調査と長期滞在の準備など、これまでやったことのない作業を進めた。そして、大学の卒業式を待たずに、一九九三年三月の初めにタイに渡った。

カオ・ヌア・チューチー低地林プロジェクト

バンコクのドンムアン空港にはピライさんが迎えに来てくれた。海外には一度船で中国に行ったことがあるきりで、国際線の飛行機に乗るのが初めてだったわたしは、ピライさんにおおよその到着時間だけ連絡し飛行機の便名を告げていなかった。そのためずいぶんやきもきさせてしまったようで、到着するなりピライさんに「便名を知らせてもらわないと困る」とひとしきり文句を言われた。なんとも世間知らずな学生であった。

バンコクでは調査許可の申請を行い（ピライさんがほとんどお膳立てしてくれていた）、またピライさんたちが企画している子供向けのキャンプに混じってカオヤイ国立公園にも連れて行ってもらった。初めて見る熱帯雨林は圧倒的で、見たこともない鮮やかな鳥たちには目を奪われた。たとえば、ヒイロサンショウクイ *Pericrocotus flammeus* は、オスが名前の通り鮮やかな赤色をしているが、メスは赤ではなく、これまた鮮やかな黄色をしている。一般に色彩に性的二型がある鳥類では、サンコウチョウのようにメスが地味であることが多いのだが、このヒイロサンショウクイのメスの派手さはどうしたことだろう。それほど珍しい鳥ではないようだが、この鳥は「オスは派手、メスは地味」という固定観念を破壊する衝撃的な種であった。

カオヤイ国立公園から戻ると、いよいよカワリサンコウチョウの調査地に向けて出発である。ピライさんが紹介してくれた調査地は、バンコクから南へ約七百キロメートル、マレー半島の中ほどにあるクラビー（Krabi）県のカオ・プラ・バンクラム（Khao Pra Bang Khram）野生生物保護区というところである。ここではカオ・ヌア・チューチー低地林プロジェクト（Khao Nor Chuchi Lowland Forest Project：以下〝低地林プロジェクト〟と書く）というNGOが、この辺りに残る貴重な熱帯低地林の保全を進めている。低地林プロジェクトは世界的な鳥類保護団体である BirdLife International から資金援助を受け、植林や地元の子供たちへの環境教育といった活動をしつつ、クロハラシマヤイロチョウ *Pitta gurneyi* という絶滅寸前の鳥類の保全のための調査も進めている。ピライさんはこの低地林プロジェクトの責任者であるイギリス人のフィリップ・D・ラウンドさん（Philip D. Round、以下フィルと書く）とタイ人のウタイ・トゥリースコンさん（Utai Treesucon、以下ウタイ）に、わたしの面倒を見るよう掛け合ってくれたのだった。

バンコクから調査地までは、ピライさんの助手を務めているプックという女性が連れて行ってくれた。プックはのちにカセサート大学の修士課程に入学し、ヒヨドリ類の繁殖生態の調査を始めたそうだ。北村俊平さんの『サイチョウ—熱帯の森にタネをまく巨鳥—』にも登場する、ピライさんのサイチョウ研究チームの主要メンバーの一人である。プックとともにマレー半島を南下する長距離夜行バスに乗り、一路クラビーを目指した。

翌朝、夜行バスの強烈なクーラーで冷えきった体でクラビーの町に着くと、低地林プロジェクトで働く男性が迎えに来てくれていた。ヨーティンというわたしより少し年上の若者で、苦みばしった顔をした男前である。彼が運転するピックアップトラックに乗り込み、クラビーから一時間ほど舗装路を走ると、街道沿いの宿場町といった風情のクロントンという小さな町に着いた。そこから先は、熱帯雨林を切り開いて作られたオイルパームやゴムの木のプランテーションの中を通る未舗装の道路だ。でこぼこ道に体を激しく揺らされながらさらに一時間ほど進むと、カオ・プラ・バンクラム野生生物保護区の中心、バーン・ティアオに到着した。プランテーションの中に貴重な熱帯低地林がパッチ状に残る地域で、森林内に多くの小道があり、調査や自然観察に利用されている。低地林プロジェクトの宿舎はこのバーン・ティアオにあった。ここがこれから数か月間、わたしが生活する場所である。

宿舎に着いて、さっそくフィルとウタイに挨拶した。フィルはイギリス人だが、熱帯の鳥類に魅せられてタイに移り住み、そのころすでに十年ほども経っていた。"A Guide to the Birds of Thailand"という美しい鳥類フィールドガイドを出版したばかりで（Lekagul and Round, 1991）、タイのバードウォッチャーで彼のことを知らない人はいないないほど著名な鳥類学者である。ウタイはクロハラシマヤイロチョウの調査を受け持つ低地林プロジェクトのタイ人の責任者。陽気で気さくな人柄で、とても親しみやすい人だ。先ほど迎えに来てくれたヨーティンと、もう一人、ヨーティンと同い年のアンパンという名の若者が助手のような仕事をしている。アンパンは髪の毛が長く芸術家のような風貌で、実際、絵を描くのがうまく、また暇さえあればギターの練習をしている物静かな青年だ。さらに、ピー・ウィップ（ピーは年上の人を呼ぶときにつける尊称。ウィップお姉さん、くらいの意味）という小柄で優しそうな女性スタッフもいて、おもに子供相手の環境教育を担当していた。アンパンの奥さんのカンヤーが、みんなの食事の用意をしてくれる。常時いるスタッフはそれくらいで、そこにときどき近くの村からピー・ブーン、ピー・クワットというおじさん二人がさまざまな雑用をしにやってきていた。ピー・ブーンはぎょろ目、ピー・クワットは髭面で、どちらも恐ろしげな形相だが、笑うと一転優しい顔になる気のいい人たちだ。

これらの人たちに囲まれて、バーン・ティアオでのカワリサンコウチョウの調査生活が始まった。

コラム　バーン・ティアオでの生活

カワリサンコウチョウの繁殖期は三月初旬から始まり、六月半ばまで続く。前期博士課程の間は、この時期を含む五か月ほどを二回、タイで過ごした。

低地林プロジェクトのオフィスは、自動車で入れる林道のいちばん奥にある少し開けた場所に作られている。オフィスといっても小屋がいくつか並んでいるだけのごく簡素なものだ。土台や柱を木で、床や壁を竹で、屋根を葉っぱで作った高床式の小屋である。この小屋の一角にある、三畳ほどの広さの物置のような空間を、わたし専用の部屋としてあてがってもらった。ピライさんが話をつけてくれたのだろう、お金のない学生だということで、宿泊費は無料にしてくれた。食事はその小屋の前にある、もう少し大きい母屋のようなところ（この章の扉写真参照）でみんな集まって食べる。ウタイから食費だけは出してほしいと申し訳なさそうに言われたが、その額を聞いて唖然とした。示された金額は一か月百バーツ、当時のレートで五百円弱だったのだ。そんな額でいいのかとこちらが申し訳なく思ったが、ありがたくそれで食べさせてもらうことにした。最初のうち遠慮なく食べていると、ピー・ウィップがしきりと「ミズタはよく食べる」と感心するので、なんだか気恥ずかしくなってそれからは少し遠慮するようにした。

食事はむろんタイ料理だ。地元の人は、半ば自慢げに「タイ料理は世界一辛い。この辺りの料理はタイの中でもっとも辛い。だからここの食事は世界でいちばん辛い」と言っていたが、確かにトウガラシが多量に使われた辛い料理が多かった。わたしはもともと食にあまりこだわりがなくなんでも食べる方だし、辛いものも好きだから、どの料理もおいしく食べることができた。食後に出てくる果物もすばらしくおいしく、とくにバナナとマンゴーは安価でいつでも手に入るのでよく食べていた。

バーン・ティアオでの一日は、まず六時前に起きて調査に出かける。八時か九時ごろに一度戻ってきて朝食を食べ、

図2・1　低地林プロジェクトのオフィスのすぐ横にある天然のプール．水の色は澄んだエメラルドグリーンで，本当に夢のように美しいところだった

再び調査に出る。お昼ごろ戻って昼食をとり、少し昼寝をした後、夕方までまた調査。戻って水浴びをし、みんなとともに夕食をとって二十二時までには就寝するという、単調ながらとても健康的な生活であった。オフィスのすぐ横には、沢の水が流れ込んだエメラルドグリーンの天然のプールがある（図２・１）。それはもう夢のように美しいところで、夕方、自動車のタイヤチューブで作った浮き輪に仰向けに乗って、プカプカ浮きながら刻々と色を変え暮れていく空を眺めるのは最高に気持ちがよかった。

単調な日々の中での息抜きは、二週間に一度ほど、クラビーの町に出かけることだ。フィルやウタイがピックアップトラックに乗って買い出しに行くときに、いっしょに乗せていってもらうのだ。なにより嬉しいのは町の郵便局留めで送ってもらった手紙を受け取ることだった。インターネットはまだ普及していなかったから、手紙は日本の情報を得る唯一の手段であった。わたしは今でこそ筆不精になってしまっているが、そのころはエアログラムという安価な封書にせっせと手紙を書いては、まめにあちこちに送って返信を心待ちにしていた。また、町はずれにある小さな古本屋に行って日本語の本を買うのも町に出る楽しみの一つだった。なぜか池波正太郎や藤沢周平などの文庫本が多く、それまであまり読まなかった時代小説の面白さをこんなところで知ることになった。読み終わった本は、再び持っていくと半額で買い取ってくれるシステムになっている。クラビーの町に出るたびにその古本屋に通ったため、そこに置いてある数少ない日本語の本はあらかた読んでしまった。

タイに滞在するためのビザは最長三か月しかとれなかったので、調査中に一度出国し、別の国でビザを再取得する必要があった。だから、滞在三か月になる少し前に、調査への支障の少ない日程を選んでビザ申請のための国外旅行に出かけた。バーン・ティアオはタイの南部に位置しているため、旅行先はマレーシアだ。一年目は有名なリゾート地でもあるペナン島に、二年目はマレー半島東部のコタバルという町に行って、それぞれの町の領事館でビザを申請した。単調な調査生活から解放され、陸続きなのに文化がまったく異なる隣国で過ごす時間は、とても新鮮で楽しい経験だった。そうはいってもやはりカワリサンコウチョウの観察から長期間離れるのは気が気ではなく、ビザが下りれば早々にバーン・ティアオに戻って調査を続けた。

カワリサンコウチョウとは

カワリサンコウチョウ *Terpsiphone paradisi* は、西アジアから南アジア、東南アジア、そして中国北部まで広く分布している。アジアからアフリカにかけて十三種が生息するサンコウチョウ属の鳥類の中で、もっとも広域にわたって分布する種である。日本には生息しないが、一度、与那国島で迷行してきたらしい一羽が観察された記録がある（渡辺・籠島、二〇一六）。

カワリサンコウチョウの英名は Asian Paradise Flycatcher という。Flycatcher とは飛翔性昆虫を空中で捕らえる（フライキャッチする）ヒタキ科の鳥類の総称のことだから、つまりこれは「アジアに住む極楽のヒタキ」くらいの意味である（ただしサンコウチョウ属はヒタキ科ではなくカササギヒタキ科に属する）。名前に「パラダイス」がつくとはなんとも楽しげな鳥だ。なお、この英名はパプアニューギニアに生息するゴクラクチョウ（Birds of Paradise）とよく混同されるが、ともに楽天的な名前を持つものの、これらは分類学的にはまったく異なる鳥類である。では和名のカワリサンコウチョウの「カワリ」とはなんだろうか。これについては、おそらく次の二つの説明のうちのいずれかが正解だろう。一つは日本にいるサンコウチョウから見れば変わった羽色をしているから、というもの。もう一つは年齢によって羽色が変化するから、というものである。どちらが正しいのかわたしは知らないが、いずれにしても羽色の特徴が名前の由来になっているのは確かだと思われる。そして、その「羽色の特徴」こそが、わたしがタイに調査に来た理由である、白色型と赤色型というオスの色彩二型なのだ。このような色彩二型を持つのは鳥類ではかなり珍しい。たとえば、前述したクロサギの黒色型と白色型は雌雄両方に見られる特徴だし、ヒイロサンショウクイの赤色と黄色はオスとメスの違い、つまり性的二型である。カワリサンコウチョウの色彩二型はオスのみに見られるので、それらとはまったく性質の異なるものなのだ。オスのみに見られるということは、この色彩二型はメスの好みによって、つまり性淘汰を受けて進化した形質ではないかと予想されるが、それが具体的にどのような意味を持つのかについてはまったくわかっていない。また、この色彩二型がどのように発達するのかについても、文献によって説明が異なっている。たとえば Riley（1938）は、赤色型が若いオスで、年齢が高くなるとすべての個体が白くなると述べている。"Handbook of the Birds of India and Pakistan"という図鑑にも、赤色型のオスは三歳までの若い個体で、白色型は四歳以上の成鳥のオスであると書かれている（Ali and Ripley, 1972）。一方、Salomonsen（1933）は白色型と赤色型は遺伝的な二型であるとしている。日本の著名な鳥類学である山階芳麿も、同様の見解をその名著『日本の鳥類と其の生態』で示している（山階、一九八〇）。しかしどの研究者も野外でカワリサンコウチョウを追跡観察して出した結論ではなさそうなので、色彩二型の形成過程はまだ解かれていない謎であるといってよいだろう。その形成過程を調べ、それがどのような淘汰圧のもとで進化したのか解明しようというのがわたしの研究テーマである。

ピライさんが言っていた通り、カワリサンコウチョウはバーン・ティアオにたくさんいてよく目についた。日本のサンコウチョウが滅多に見られないバードウォッチャーの憧れの鳥であったことと比べると、カワリサンコウチョウはまったくの「普通種」である。調査対象はかならずしも珍しい鳥でないといけないわけではない。むしろたくさん見かける普通種の方が、当然研究はやりやすいのだ。

カワリサンコウチョウを追う

やるべきことは静岡県で行ったこととさほど変わらない。ひたすら森の中を歩き、カワリサンコウチョウの姿を見たり、声を聞いたりすればそれを追いかけて巣を探す、その繰り返しである。小笠山のサンコウチョウが沢沿いに分布していたのに比べ、カワリサンコウチョウは沢沿いだけでなく、平地でも普通に生息していた。バーン・ティアオには小笠山周辺のように入り組んだ谷はあまりなく、カワリサンコウチョウはサンコウチョウとは違って沢に依存してなわばりを構えるわけではないようだ。また、うっそうとした森の中だけでなく、プランテーションがすぐ横に迫るような疎林でもよく見かけたことから、森林性ではあるけれど生息できる環境の幅はかなり広いと考えられた。

カワリサンコウチョウのさえずりは、サンコウチョウの「ツキ、ヒ、ホシ、ホイホイホイ」の「ツキ、ヒ、ホシ」にあたる部分がなく、「ホイホイホイホイホイ……」と「ホイ」の数が多い。人間が近づくとサンコウチョウに似た「ギュイッ、ギュイッ」という警戒声を出し、冠羽（頭の後ろの羽毛）を逆立てる。警戒心は強いが、観察はさほど困難ではない。体の形はサンコウチョウとほぼ同じで、オスは十二枚ある尾羽のうちの真ん中の二本が極端に長い。大きなアイリングは鮮やかなコバルトブルーだ。普通種とはいえ、見ると心躍る魅力的な姿かたちである。図鑑に載っているように白色型と赤色型のオスがいることもすぐに確認できた（図2・2a、b）。頭部のみ金属光沢を帯びた青が混じる黒色で、体の他の部分は、白色型は真っ白、赤色型は赤茶色である。白色型の白は目が覚めるような色で、長い尾羽をひらひらさせながら飛ぶ姿は本当に美しい。メスは尾羽が短く、羽色は地味な赤茶色、オスに比べるとアイリングも小さくてくすんだ色をしている。メスはメスでかわいいのだが、申し訳ないけれどけっして「美しい」と形容できる姿かたちではない（図2・2c）。

観察しているうちに、尾羽が短くメスとよく似た赤茶色をしている、しかしアイリングの色は鮮やかな個体がいることがわかった。これは、サンコウチョウで見られたのと同じく若いオスのようである。一方、羽色が白で尾羽が短い個体というのはまったく見られなかった。ということは、カワリサンコウチョウのオスは、一歳のときはすべて赤茶色でメスのような色彩をしており、二歳以降で尾羽が伸びるのだろう。問題は、二歳のときに白色型と赤色型がはっきりと分かれるのか、それとも二歳ではすべて赤色型で、三歳以降にすべて白色型に変わるのか、である。

カワリサンコウチョウを捕獲し、白色型と赤色型の体の各部の大きさを計測すると、その答えがある程度推

図2・2
カワリサンコウチョウ.（a）白色型のオス,（b）赤色型のオス,（c）メス.（a）はKulpat Saralamba氏,（b）,（c）はKittiyarn Sampantarak氏提供

測できた。翼の長さやふしょ骨（人間でいえば足の甲に当たる部分の骨で、鳥では体の大きさを測る重要な計測部位）の長さ、体重などは、白色型と赤色型の間で違いがなかったが、尾羽の長さは、白色型の方が平均すると赤色型よりもずいぶんと長かったのだ。尾羽の長さが単純に年齢を反映しているのなら、赤色型は白色型よりも若いということになる。しかし白色型の方が「平均すると」赤色型より長かった、と書いたことに注意してほしい。白色型のオスはすべて尾羽が長かったのに対し、赤色型には白色型のように長い尾羽を持つものから、中途半端な長さの尾羽を持つ個体まで見られた。ということは、オスはすべての個体が二歳で尾羽が中途半端な赤色型を経験する

のだろう（一歳のオスがメスとよく似た色彩、形態をしていたことからもこれは類推できる）。しかしその後がわからない。三歳以降にすべての個体が白色型になるのだろうか、それとも赤色型でとどまる個体と白色型に変わる個体がいて、それらが遺伝的に決まっているのだろうか。

じつは捕獲した際に色足環をつけて個体識別したオスのうち、わずか二羽であるが翌年も観察できた個体がいた。一羽は一年目に赤色型で、翌年も赤色型だったが、もう一羽は一年目に赤色型で、翌年は白色型に変化していた。この観察によって、オスの色は年齢が上がると赤から白に変わることは証明されたが、すべてが白色型になるのか、それとも赤色型でとどまる個体もいるのかについては依然わからないままである。

カワリサンコウチョウを調査したのは二年間だけで、結局その間にこの問題の答えは得られなかった。しかしこの時点での印象としては、すべての個体は最終的には白色型になるのではないか、と感じていた。もしそうだとすれば、白色型のオスは赤色型のオスよりも子育てがうまく、繁殖成績がよいということはないだろうか。そこで、探し出した巣を観察して、それぞれのオスの繁殖成績を比べてみた（Mizuta, 1998b：Mizuta and Yamagishi, 1998）。

カワリサンコウチョウの子育て

サンコウチョウの巣探しを経験していたおかげで、カワリサンコウチョウでもじきに巣を発見することができた。いや、サンコウチョウでの巣探しの経験はあまり関係なかったかもしれない。カワリサンコウチョウの巣はサンコウチョウに比べて格段に低いところにあり、とても見つけやすかったのだ。しかし、いくら見つけやすいといっても一人で探すのには限界がある。そこで、ウタイに通訳を頼み、バーン・ティアオの村人に巣探しを手伝ってもらうことにした。巣を一つ見つけたら十五バーツ、その巣が無事巣立ったらさらに五バーツ、計二十バーツ（約百円）の謝礼を払うことにすると、ピー・ブーンやピー・クワット、それにヨーティンやヨーティンのおじいさんのルムゥイなど、何人もの人が巣探しを手伝ってくれた。余談だが、ルムゥイは男前のヨーティンの係累だけあって渋い顔をした格好のいいおじいさんだった。上半身裸でいつも鉈を持ち歩いている。小柄だが鋼のような引き締まった体つきで、背筋がいつもぴんと伸びている。自然の中で生きているヒトとは、本来こういう凛とした姿をしているものなのかもしれない、と思わせる人物であった。

さて、カワリサンコウチョウは、サンコウチョウとほとんど同じような形状、同じような材質の巣を、林内にある木の枝の股に作っていた。高さは一メートルから三メートルの範囲内で、平均すると地上一・七メートルであった。林内を歩いていてほとんど目線をあげることなく見つけることができるほどの高さである。巣のある木自体の高さは平均二・四メートルで、幹の太さは胸の高さで一センチメートルほど、つまり若くてとても小さな木であった。樹種はさまざまだが、見つけた巣の四分の一ほどは、琉球列島でもよく見られるイジュ *Schima wallichii* の木に作られていた。ただし、これはイジュを選択的に利用しているというより、それが林内で優占する樹木であるためだろう。

この若木の枝の股に作られた巣の中に、メスは二個から三個の卵を産む。抱卵期間は十五日間、その後雛が孵化してから巣立つまでは十日間であった。メスも一歳のオスも赤茶色であることから予想される通り、巣内の雛はすべて赤茶色だった（図2・3）。抱卵や雛への給餌といった世話をオスとメスが協力して行う点は、日本で観察したサンコウチョウと同様である。

図2・3　巣立ち間際のカワリサンコウチョウの雛．巣立ち雛の羽色はすべて赤茶色である．この時点では外見から雛の性別はわからない

図2・4　巣の近くにブラインド（大きなポンチョ型のレインコートで代用）を張り，そこから望遠鏡で巣を観察した

　では、それぞれのタイプのオス、すなわち、白色型、赤色型、および尾羽が短くてメスによく似た赤茶色の一歳のオスの間で、子の世話も含めた繁殖のもろもろを比較してみよう（Mizuta, 1998b：Mizuta and Yamagishi, 1998）。まず尾羽の短い赤茶色のオス。このオスとそのつがい相手のメスは、他のタイプのオスよりも繁殖開始時期が遅かった。また平均すると産卵数も少なく、したがって巣立たせることのできた雛の数も少なかった。尾羽の短い赤茶色のオスとそのつがい相手のメスは、おそらく若いために繁殖の経験が乏しく、その結果繁殖成績が悪いのだろうと考えられる。白色型と赤色型のオスの間ではどうだろう。いろいろ調べてみたが、予想に反してこれらの二つのタイプのオスの間で繁殖開始時期や産卵数、巣立ち雛数などに違いはまったく見られなかった。白色型が年齢の高いオスならば、白色型はよりうまく繁殖を行っているのではないかと期待していたのだが、そのような結果は得られなかったのだ。また、巣の近くに設置したブラインドに隠れて蚊の襲撃に耐えながら給餌行動の観察も行ったが（図2・4）、白色型と赤色型の間で給餌頻度に違いは見られなかった。

　結局、繁殖の比較からは白色型と赤色型の年齢差は類推することはできず、この二型の形成過程はわからないままであった。その解明は、次に行うカワリサンコウチョウの調査にお預けということになった。

コラム　言葉を覚える

　イギリス人であるフィルはもちろんのこと、ウタイやピー・ウィップ、ヨーティンら低地林プロジェクトの主要なタイ人スタッフも英語を話すので、日常会話は英語でこと足りた。そう書くといかにも英語ができる人のようだが、わたしの英語能力はタイ人スタッフよりはるかに低く、日々実践の英会話教室にいるようなものだった。

あるとき、調査が立て込んでいて夕食の時間に少し遅れたことがある。食事は全員がそろってから始めることになっていたので、遅れるとみんなを待たせることになる。「待たせてすみません」と言いたいのだが、どう表現すればよいのかわからない。そこで、わざわざ自室に戻って和英辞書で調べることにした。そのせいでさらに五分ほど余計にみんなを待たせることになるがしかたない。覚えた文章を忘れないよう口の中でつぶやきながら食堂に行き、さも前から知っていましたという顔をしてその覚えたての表現、〝I'm sorry to have kept you waiting〟をさらっと言ってみた。しかし、みんな楽しそうにおしゃべりしていたため待たされているという感覚はまったくなかったらしく、渾身の挨拶もさらっと流されてしまった。しかしまあ、新しい表現を覚えることができてわたし自身は満足ではあった。

スタッフはわたしには英語で話してくれるが、低地林プロジェクトの〝公用語〟はタイ語である。タイに長くいるフィルは不自由なくタイ語を話せるため、英語を使う必要がほとんどないからだ。わたしはもちろんタイ語などまったくしゃべれなかったが、それでも日々暮らしていると少しずつわかる単語も増えてくる。オフィスに遊びに来る村の子供たちは、よくわたしのタイ語レッスンの相手をしてくれた。とくに学校で英語を習っているドンチャイという中学生の女の子は、わたしを英語学習の同志とでも思ったのか、英語とタイ語でいろいろ話しかけてくれるので、わたしにとってはタイ語のよい先生となった。

このドンチャイとピー・ウィップはあるとき、ミズタにニックネームをつけようと言い出し、考えた末に「セーン」という名をつけてくれた。これは「太陽」という意味だ。たいそうな名をつけられたものだが、これはわたしの肌が太陽のように白いこと（タイの人は太陽の色を〝白い〟と表現するらしい）、それからカワリサンコウチョウをタイ語で「ノック・セーン・サルサワン」呼ぶことから思いついたらしい。それ以来、わたしは子供たちからは「ピー・セーン」、大人たちからは「セーン」と呼ばれるようになった。

低地林プロジェクトでは植林をするための苗木を育てており（図２・５）、その世話をするために村のおばちゃん

図2・5　植林のために低地林プロジェクトで育てられている苗木．一度，子供たちが行うこの苗木の植林作業にも参加したこともあった

たちが雇われていた。彼女らは朝、わたしが調査から戻ってくるとかならず「キン・カオ・ル・ヤン、セーン?」と声をかけてくれる。最初は意味がわからず、黙ってほほえみを返すしかなかった。しかしいつまでもそれでは悪いので、ピー・ウィップに聞いてみたところ、それは「ご飯を食べたか、セーン?」という意味であり、食べてないときは「ヤン・マイ・キン、カップ（まだ食べていません）」と答えればよいのだと教えてくれた。そこで、次に聞かれたときに、待ってましたとばかりに元気よく答えてみた。すると、おばちゃんたちは「ヒュー・レオ・ル・ヤン、セーン?」と質問をかぶせてくる。再び黙ってほほえみ返しだ。ピー・ウィップに聞いて、それが「お腹が空いたか?」という意味で、空いているときには「ヒュー・マーク、カップ（とっても空きました）」と答えればよいと教えてもらった。次に聞かれたときに「ヒュー・マーク、マーク、マーク、カップ!」と元気よく答えると、おばちゃんたちは満足したのか、ようやく黙ってうなずいてくれた。

挨拶代わりに「ご飯を食べたか」と問うことにも表れていると思うが、タイの人たちは食べることに対してとても関心が高い。まだタイ語をまったく覚えていないころ、ピー・ウィップやヨーティンらが頻繁に「キンダイ」、「キンメダイ」と聞こえる語を発していることに気づいた。近大？　金目鯛？　なに？　と思っていたら、これらは「食べられない」という意味であった。森の中にある植物だかキノコだかが食べられるのか、食べられないのかについて熱心に議論していたらしい。食べることに対してはむろんわたしも関心がないわけがない。最初に覚えたタイ語は、したがって食べ物に関するものが圧倒的に多く、新しい言語を覚えるときにはまさに「エッセンシャル」な言葉から覚えていくものだなと気づいて面白かった。

タイに来るまで、わたしはタイ語はもちろんのこと英語でもほとんど会話をしたことがなかったが、こうして「話さなければ生活できない」という環境に自らを置くと、言葉は自然と身につくということが実感としてよくわかった。もっともわたしのタイ語など挨拶に毛が生えた程度のものだったし、英語にしてもいまだにきちんとしゃべれるとはとても言い難いレベルだが、言いたいことを伝える、相手の言うことを理解するという程度の会話は、勉強ではなく、「必要に迫られて、慣れる」ことが大切なのだと感じた。

三日熱マラリア

タイでの調査で強烈に印象に残っているのは、調査二年目に三日熱マラリアにかかったことだ。

数日前からなんとなく熱っぽいと感じていた。また、これも数日前、ドンチャイと先述の天然プールで飛び込みごっこをして遊んでいて砂地の水底に頭をしたたか打ちつけ、そのせいで首が少し痛くて調子が悪いということもあった。その日、午前中の調査をしているとどうにもつらくなり、早々に戻って昼食もとらずに自室で寝こんでいた。すると突然悪寒がして、体ががたがたと震え始めた。気温はいつもと同じで暑いはずなのに、震えが止まらない。毛布を体に巻きつけてスタッフに異変を告げると、みんな驚いてすぐにピックアップトラックでクロントンにある病院まで運んでくれることになった。車に乗っているうちに意識が朦朧としてきたが、このときなんとも不思議な体験をした。同乗している人たちのしゃべるタイ語がじつによくわかるのだ。普段のわたしには絶対にわからないような会話でも、逐一理解することができる。たとえばピー・ブーンが、のどが渇いているだろうからセーンにジュースを買ってやろうと言っている。するとピー・ウィップが、だめだ、この状態でジュースなど飲ませてはいけない、と厳しい調子で言う。それなら水だけでも、とピー・ブーンが言っても、だめだだめだ、とピー・ウィップは取り合ってくれない。そうこうしているうちに病院に着いたが、この不思議な状態は病院でも続いた。医師がタイ語で、足の指に注射を打つ必要があると言い出す。そんなところに打たれてはたまらないと体をこわばらせていると、緊張のあまり汗がどんどん体から出てきた。結局注射はお尻だったか太ももだったかに打たれたが、枕元からは再びみんなが相談する会話が聞こえてくる。ピー・ブーンは、今夜は自分が病室に泊まってセーンに付き添うと言ってくれている。わたしはもう、申し訳なく自分が情けなくなってしまい、どうしたか。なんと、もういい、自分のことは気にしなくていいから帰ってくれ！　と、泣きながら叫んだのだ。なんでそんなことをしたのかまったくわからないが、ピー・ブーンやピー・ウィップは恐れおののいたに違いない。叫んだ内容はとても理解された様子ではなかった。ベッドの周りの人たちが呆然とした表情でわたしを凝視している場面が、頭の中に映像として残っている。

その後少し落ち着きを取り戻したが、そのまま入院することになった。ピー・ブーンが付き添うことはなかった。逐一理解できたと感じていたのは、すべてせん妄状態にあったわたしが頭の中で作り出した会話だったのだ。

結局十日ほど入院したが、昼間は少し具合がよいと感じても夕方になると熱が出て朦朧とするという日々が続いた。病名は三日熱マラリアである。三日ごとに熱が出るのでこの名前がついているというが、わたしの場合は毎夕規則正しく熱が出ていた。午後に、これからまた熱が出てしんどくなるのかと思うと憂鬱な気分になった。

退院する少し前、話を聞きつけたピライさんが様子を見に来てくれた。ちょうどタイ南部で調査をする用事があったのでついでに寄ったというようなことを言われていたが、実際はどうだったのか。心配してわざわざバンコクから足を運んでくれたのかもしれない。本当に、このときはいろんな人に多くの心配と迷惑をかけた。ピー・ブーンやピー・ウィップには、わけのわからないことを泣き叫んで恐怖まで与えてしまった。海外で調査する際には、健康でいること、周りに心配をかけないことが最低限のマナーなのだということを実感した出来事であった。

しかしこの時点では知る由もなかったが、このマラリア罹患体験がのちにたいへん役立つことになった。そのことについては後で触れたいと思う。

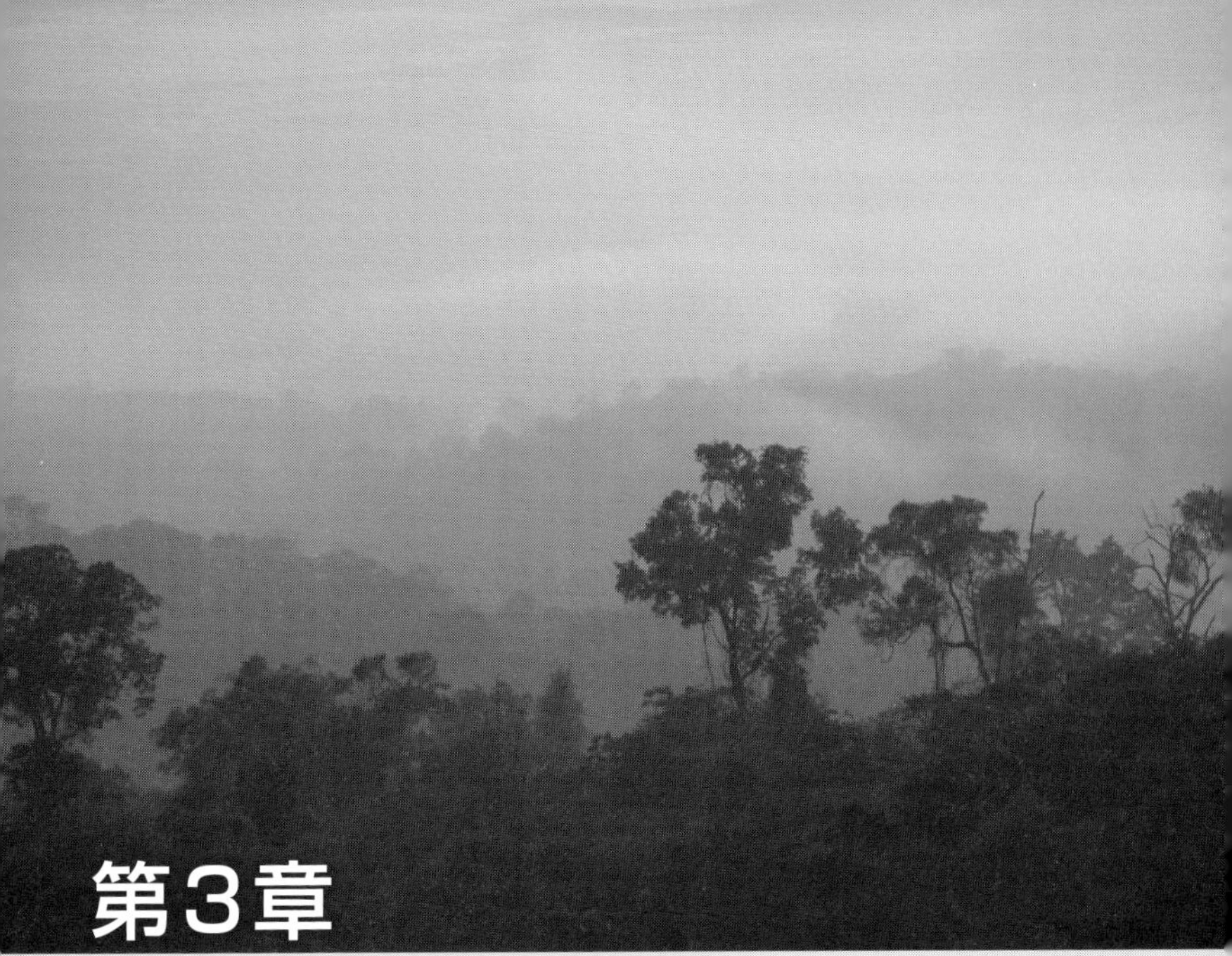

第3章
憧れの地マダガスカル

アンカラファンツィカの森

奄美大島での研究の話に進む前に、もう少しそこに至るまでの話を続けさせてもらいたい。

タイで調査を始めた年、前期博士課程一年のときに、山岸先生が申請していた科研費が採択され、その翌年、つまりわたしが前期博士課程二年になる年から、マダガスカルに調査隊が出ることになった。念願かなってわたしも連れて行ってもらえる。しかし浮かれてばかりはいられない。前期博士課程の二年目も引き続きタイで調査を行うことにしていたし、調査が終わったら終わったでそのまとめもある。後期博士課程に進学するための試験の準備もしなくてはならない。ともあれ、前期博士課程の二年目は、春から夏にかけてはタイで調査をし、少し日本にいて秋から年末にかけて今度はマダガスカルに行くという、忙しくも贅沢な年となった。

いよいよマダガスカルへ

タイから戻って二か月ほどでマダガスカルへ出発することになり、この間にタイでの調査のまとめを進める必要があった。しかしマダガスカル出発の準備もあり、二か月で研究成果がまとまるはずもなく、残りはマダガスカルから帰国後の宿題となった。帰国は年末になる予定だが、年が明けると今度は前期博士課程の研究発表と後期博士課程進学の試験が待っている。でもまあなんとかなるだろうと思い、それらの宿題についてはあまり深く考えないようにした（後に述べるが、結局なんともならずに留年することになった）。タイでマラリアにかかったため同行に難色を示されるかと危惧したが、動物社会学研究室にはマラリア経験者がたくさんいたためか、そこはあまり問題にならなかった。

一九九四年九月に関西国際空港からマダガスカルに飛び立った。当時、関西国際空港は開港したばかりだっ

図3・1　マダガスカルの首都アンタナナリヴの風景．街の中心部にある丘から下に続く階段を見下ろす．道端には日用品や土産物を売っている人の姿も見える

たので、関空からマダガスカルに向けて出国したのはきっと自分たちが初めてだろうと、どうでもよい自慢話をよくしたものだ。日本から直行便はなく、シンガポール、モーリシャスを経由してのマダガスカル入りであった。モーリシャスでは飛行機のエンジントラブルで一日滞在を余儀なくされ、思わぬ観光をすることができた。

マダガスカルのイヴァトゥ空港に到着して最初に感じたのは、予想外に涼しい、ということだ。首都アンタナナリヴは標高千二百メートルを超える高地にあるため、乾季の後半にあたるこの時期、気温は昼間でも二十度を少し上回るくらいで、夜になるとセーターが必要になるほどであった。アンタナナリヴは坂が多く、石だたみやレンガ造りの重厚な建物が目立つ美しい街である（図3・1）。一九六〇年に独立するまでフランスの植民地だったこともあり、ルノーやプジョー、シトロエンなどフランス製の古い自動車がたくさん走っていて、（行ったことはないけれど）フランスの古い街なみもかくやと思わせる趣だ。

アンタナナリヴでのさまざまな調査許可申請は、調査隊の受け入れ機関であるチンバザザ動植物公園のスタッフが奔走してくれた。しかし、いかんせんマダガスカルは日本と時間の感覚が異なっていて、よくいえばおおらか、悪くいえばいい加減で、なにかにつけて作業の進捗に時間がかかった。もっとも、初めての渡航のときは見るもの聞くものすべて新鮮で、そんな待ち時間もたいして苦にはならなかった。

このときの調査隊の主要な目的は、オオハシモズ科の鳥類の中でもとくに興味深い社会を持つアカオオハシモズ *Schetba rufa* を調べることである。アカオオハシモズの調査地は、前回までに山岸先生と浦野さんが予備調査をしていたマダガスカル北西部にあるアンカラファンツィカ厳正自然保護区（現在は国立公園）のアンピジュルアという地域だ（この章の扉写真参照）。マダガスカルサンコウチョウの調査地も同じところである。マダガスカルは中央部が高地になっていて（首都アンタナナリヴもこの中央高地にある）、東側のインド洋から吹く季節風がこの高地の手前で雨を降らせるため、中央より東には熱帯雨林が広がっている。一方、西部は雨を落とした後の乾いた風が吹くため乾燥している。アンカラファンツィカは、マダガスカルに残存する数少ない貴重な西部乾燥林だ。首都アンタナナリヴからは自動車で丸一日の行程である。中央高地を一気に駆け下りるため、気温差は十度ほどもある。

アンカラファンツィカ厳正自然保護区の調査地アンピジュルアについては、わたしも分担執筆させてもらった『アカオオハシモズの社会』（山岸編著、二〇〇二）という本の第一章で概要を紹介している（水田、二〇〇二）。山岸先生が編集されたこの『アカオオハシモズの社会』は、共同繁殖を行うこの鳥の行動や生態、社会について、複数の研究者が調べて書くという、日本ではあまり例を見ない画期的な本である。興味のある方はぜひご一読いただきたい。
ともかく、初めてマダガスカルに足を踏み入れたこのときから学位をとるまでの五年、および学位取得後の四年の計九年を、各年数か月ずつこのアンピジュルアで過ごすことになった。憧れに導かれて来たマダガスカルだったが、これほど長く通うことになるとは当初は想像していなかった。

コラム　アンピジュルアでの生活

毎年繰り返し調査に行っていたものだから、アンピジュルアはずいぶん馴染みのある場所になった。初めて調査に行った年にいっしょに遊んでいた子供がいつの間にかお母さんになり、「ミズタはまだ結婚しないのか」などとえらそうなことを言うようになったときには、時の流れをつくづく感じたものだ。

わたしが通っていた九年間でアンピジュルアも大きく変化した。最初のころはテントサイトもなく、雨が降ると水を吸った木の枝が折れて落ちてくるような灌木林にテントを張って生活していた。またそのころはシャワー室も粗末なものだったから、石鹸で体を洗っているときなど、水が切れやしないかとつねにびくびくしていなければならなかった。なにしろ、ごく最初に覚えたマダガスカル語が「チミシ・ラヌ（水がない）」という言葉だったくらい、シャワーの水不足には悩まされた。そんな頼りにならないシャワーはもう要らない！　と、近くにあるラベルべ湖という湖に水浴びに通っていた年もある。ラベルべ湖にはワニが住んでおり、水浴びをする前に水面をたたいてワニが寄ってこないようにする必要があったが、夕暮れに湖の風景を眺めながら水浴びをするのは気持ちのよいものだった。

そのうち、研究者に割り当てられた区画に草ぶきの屋根をつけたテントサイトができて、そこを使わせてもらえる

図3・2　アンピジュルアのテントサイトの横にある共有の生活スペース．データ整理などの作業や休憩はここで行う

ようになった。テント生活というと過酷そうに思えるかもしれないが、四人用くらいの大きさのテントを一人で、しかも寝るときだけに使うのだから不自由ではない。研究者用の区画には屋根の下に大きなテーブルを置いた共有スペースが用意されており、普段はそこで生活をしていた（図3・2）。

食事は、最初のころは一週間に一度市場に食材を買い出しに行き、それを近くの村に住む女性に預けて毎食作ってもらうことにしていた。アンピジュルアには小さな雑貨屋があり、簡単なお菓子や缶詰などは売られていた。冷蔵庫もあるのだが、灯油を使って冷やす古い機械で、冷却能力がとてつもなく弱かった。いつも冷えていないビールやジュースを買わされていたので、「チ・マンガチカ（冷たくない）」という言葉もかなり初期に覚え、売り切れることも頻繁だったため「チシ・ラビエラ（ビールがない）」という言葉もすぐに覚えた。こうして書いていると、「チ（〜ない）」という否定の言葉を含む表現ばかり早々に覚えていたことにあらためて気づく。いろんなものがすぐになくなる調査地での不自由な生活が思い出されて、当時はたいへんだったが、今となってはほほえましく懐かしい。

アンカラファンツィカはのちに国立公園になったこともあ

り、訪れる観光客の数は徐々に増えてきた。観光客用のバンガローや食堂も整備され、そのうちわたしたちもその食堂を使うようになった。しかし、食堂ができたといっても料理はさほど変わりはない。マダガスカルの主食は日本と同じで米であるが、おかずにあまり種類がなく、トマト味のスープやティラピアの揚げ物や煮物、肉団子など、一週間もすれば一巡するくらいのメニューしか出てこなかった。ただし、タイと同じくここでも果物は絶品で、マンゴーとバナナは食後かならずデザートとして食べていた。マンゴーは市場で買ってもバケツ一杯が五十円ほどだし、テントサイトの近くにもマンゴーの木があったので、おいしそうに熟しているのに目星をつけて、石を投げて落として食べたりもしていた。

調査生活の息抜きは、アンピジュルアから自動車で数時間のところにある港町マジャンガに遊びに行くことである。マダガスカルサンコウチョウが繁殖を始めるとわたしも忙しくなり休みなく調査を続けることになるが、調査が一段落つくとマジャンガに出かけていった。レストランでおいしいものを食べるのが楽しみだったが、夕暮れに海岸に座りゆっくりと夕陽を眺めるのも、一人でマジャンガに出かけたときの楽しみであった。とある本に「マダガスカルの夕陽は世界一美しい」と書かれていたが、確かにモザンビーク海峡に沈む夕陽は雄大で美しく、それを眺めるのは調査の気ぜわしさを忘れさせてくれる贅沢な一時であった（図3・3）。

アンピジュルアでもっとも印象深かったのは、同行した日本人の研究者たちとの共同生活であろう。数えてみると、九年間で二十三人もの方たちといっしょに生活し、研究を行ったことになる。なかでも、いっしょにいた時間が長かった山岸先生や江口和洋さん（当時九州大学、現福岡女子大学）、日野輝明さん（当時森林総合研究所、現名城大学）、中村雅彦さん（上越教育大学）、森　哲さん（京都大学）などの諸先輩方には、研究についていろいろと相談に乗っていただいた。長谷川雅美さん（東邦大学）にはマダガスカルに同行したのが縁でポスドクとして研究室に受け入れてもらった。後輩の浅井芝樹君（現山階鳥類研究所）、池内　敢君（現丹波進学塾）、高橋洋生君（現自然環境研究センター）、佐藤宏樹君（現京都大学アフリカ地域研究資料センター）などはいっしょにいた時間がとくに長く、調査地

図3・3　マジャンガの港で眺める夕陽．帆を張った船がその夕陽の中を進んでいく．息を呑むほど美しい光景だった

図3・4　アンピジュルアの子供たち．マダガスカルを訪れる人の多くが，この国の子供の笑顔はすばらしい，と口をそろえて言う．その通りだと思う

での単調な生活を楽しいものにしてくれた。

わたしはもう十年ほどもアンピジュルアに行っていないが、最近も調査に行っている後輩に聞くと、現地ではインターネットがつながったり携帯電話で日本と通話ができたりと、わたしが行っていたころには考えられなかったような環境になっているらしい。小さかった村の子供たち（図3・4）も立派な若者になっているそうだ。やり残した研究のアイデアはまだいくつも温めているし、いつの日か再びアンピジュルアに戻って研究の続きをやりたいものである。

マダガスカルサンコウチョウとは

調査の話を進めよう。アンピジュルアでは、調査隊の研究対象であるアカオオハシモズの調査の手伝いもしたが、その内容については前述の『アカオオハシモズの社会』に詳しいのでそちらを読んでいただくことにして、ここからはわたしの主要な研究対象であるマダガスカルサンコウチョウについて説明したいと思う。

マダガスカルサンコウチョウ ***Terpsiphone mutata*** は、その和名の通りマダガスカルに生息する（あとコモロ諸島にも分布する）サンコウチョウ属の鳥類である。日本のサンコウチョウやタイのカワリサンコウチョウに比べると少し小さく華奢に感じられる。体重は十一～十二グラムほど。日本でもっとも身近な鳥の一つであるスズメは体重が二十～二十五グラムほどだから、重さがスズメの半分くらいというごく小さな鳥だ。体の形はサンコウチョウやカワリサンコウチョウとよく似ており、やはりオスの尾羽が長いのが大きな特徴である。中央の二本の尾羽が、長いものでは二十センチメートルほどにもなる。そして、何度も書いているように、オスには白色型と赤色型の二型が見られる。一方、メスはすべて赤茶色だ。

カワリサンコウチョウの白色型、赤色型は、頭部を除く全身がそれぞれ白色と赤茶色だったのだが、マダガスカルサンコウチョウは少々違っている。白色型、赤色型ともに頭部は金属光沢のある黒色である。白色型は全身白いが、背面や翼に黒い羽毛がかなり混じっている。カワリサンコウチョウの白色型が目の覚めるような真っ白であったのに比べると、黒くすすけた部分が多く感じられる。赤色型は羽色が赤茶色だが、翼の雨覆と呼ばれる部分に白い羽毛が混じっている。そして尾羽は長く伸びた中央の二本だけが白い。

カワリサンコウチョウと同様、オスに見られるこの色彩二型の形成過程はまったく調べられていない。年齢が高くなるとすべての個体が白くなるのだろうか。それとも白くなるか赤くなるか個体によって遺伝的に決まっているのだろうか。カワリサンコウチョウで突き止めることのできなかったこのオスの色彩二型の形成過程を、まずは個体識別を行うことで明らかにしてみようというのが当面の研究テーマである。

カワリサンコウチョウと同じく、マダガスカルサンコウチョウも調査地にたくさんいて、こちらもまったくの「普通種」であった。さえずりは「ヒロリヒロリロ…」とか「「ヒーリロリロ、ヒロリロ…」と聞こえるもので、日本のサンコウチョウの「ツキ、ヒ、ホシ、ホイホイホイ」からはほど遠い。一方、警戒声は「ギッッ」というサンコウチョウやカワリサンコウチョウに近い音質である。個体数が多く、きれいな声でさえずるため、調査地でもっともよく目立つ鳥の一つであった。しかもあまり人を恐れない。近づいても警戒声は出すがすぐに逃げ去ったりはせず、その場にとどまっている。巣で抱卵している個体をそっと触ってもじっとしているくらいだ。日本の鳥ではちょっと考えられないような警戒心の薄さである。もっとも、これはマダガスカルサンコウチョウだけでなく、アンピジュルアの鳥類全般にいえることだった。アカオオハシモズにしても、近づいてもあまり逃げないので観察はしやすく、巣も見つけやすかったし、それ以外の鳥もごく至近距離で見ることができた。ここで鳥を見るのに慣れてしまうと、日本でバードウォッチングをしたときにあまりに鳥に近づけないので欲求不満がたまることになる。実際、後に奄美大島でオオトラツグミの調査を始めたときは、その見えにくさに呆然としてしまった。

数は多い、目立つ、警戒心が薄いとなると、これほど調査しやすい鳥はあまりないだろう。張り切って調査を始めたが、もちろんそう簡単にはいかない。困難はいたるところに待ち構えていた。

熱帯熱マラリア

もっとも大きな困難は病気であった。調査の話を進める前に、このことを書いておきたい。

調査一年目は十二月中旬にアンピジュルアを離れた。マダガスカルサンコウチョウの繁殖期はまだ終了していなかったが、それでも調査の感触はつかめたので、次年度以降また来よう、待ってろよマダガスカルサンコウチョウよ、という気分で帰国の途についた。しかし、なぜか気分がずっとすぐれなかった。飛行機の乗り継ぎでモーリシャスに泊まり、海で泳いだときにも寒くて震えが止まらなかったし、ホテルでの豪華な夕食も食べきることができず、早々に部屋に引き上げることになった。帰国した直後は元気だったが、年末に近づくにつれてどうにも動けなくなり、一人暮らしの部屋で風邪薬を飲みながら数日間寝て過ごした。大晦日に研究室の先輩の大西信弘さん（現京都学園大学）が心配して様子を見に来てくれたときには、もう歩くのもやっと、という状態だった。大西さんが自動車で実家まで送ってくれたが、その夜には耐えられなくなって、親に病院に連れて行ってもらった。このしんどさには覚えがある。マラリアだ。朦朧とする頭で、医師にマダガスカルから帰国したばかりであること、この症状はマラリアかもしれないこと、大阪市立大学医学部に井関基弘先生というマラリアの研究者がいるので連絡してほしいこと、などを伝えた。井関先生は、タイから帰国後、マラリアについて教えてもらうために訪ねたので面識があったのだ。

翌日、お正月であるにもかかわらず井関先生は治療薬を持って飛んできてくださった。今回感染したのは、三日熱マラリアよりも症状が重くなる熱帯熱マラリアだった。適切な治療を受けなければ死に至る感染症である。日本のたいていの医師には馴染みのない病気なので、自己申告し井関先生に連絡してもらわなかったら手遅れになっていたかもしれない。井関先生のすばやい対処のおかげで、大げさではなく一命を取り留めることができたのだ。まさに命の恩人である。

タイでマラリアにかかったときと同じく、このときも不思議な体験をした。一月二日の夜だったと思う、病室で寝ていると、ベッドの左にある窓からだれかがカーテンを開けてずっとこちらをのぞいているのだ。人が苦しんで寝ているのになんて失礼なんだ、投げられるものがあれば投げつけてやりたい、と思ったが枕元に投げられるようなものはなく、腹立たしい気分のまま朝を迎えた。様子を見に来てくれた母親に、「夜中にだれかがのぞくのでカーテンをしっかりと閉めておいてほしい」と文句を言ったのを覚えている。少し考えればそんなおかしなことがあるはずはないが、三日熱マラリアにかかったときにタイ語が完璧に理解できると感じたように、このときも物事を正常に考えることができなくなっていたようだ。母親は母親で、前日に医師から「今夜が峠です」とドラマのようなことを告げられていたものだから、わたしの話を聞いて死神が来ていたのかとぞっとしたらしい。

マラリアにかかった理由は明らかで、本来、マラリアの汚染地域に長く滞在する際には抗マラリア薬を予防内服すべきところ、それをしなかったためだ。タイでファンシダールという薬を飲んだ際、体質にあわなかったらしく体中に湿疹ができて苦しんだことがあった。そのため薬の服用になんとなく抵抗があって、飲まない方がいいと勝手な判断をしたのだ。ファンシダールは副作用が強く、服用を誤ると失明する危険があるほどきつい薬だが、このころすでにファンシダールより副作用の少ない抗マラリア薬は売られており、それをきちんと予防内服しておくべきであった。素人の勝手な判断で病気の対策を考えてはならない。これを教訓にして、それ以後はきちんと薬を飲むようにした。

結局、完全に回復し退院するまで三週間ほどかかった。前期博士課程の論文提出と後期博士課程の進学試験の時期が迫っていたが、とても間に合わない。もともと無理のある計画ではあったが、論文提出は断念し、留年することにした。

二度のマラリア罹患体験で感じたのは、「何事も経験である」ということだ。タイで三日熱マラリアにかかっていなければ、熱帯熱マラリアにかかったときにそれがマラリアであることに気づかなかったかもしれない。その結果、治療が遅れて死んでいた可能性もなくはないのだ。もちろん病気にかからないのがいちばんよいのだが、このときは病気にかかったおかげで命拾いをした、というまれな事例であった。

なお、今ではもうマラリアが再発するようなことはなく、すっかり健康体であることを付け加えておきたい。

マダガスカルサンコウチョウを追う

脱線したが、再び調査の話に戻ることにする。マダガスカルサンコウチョウの繁殖は十月後半から始まるので、調査地には毎年九月ごろから入るようにした。繁殖が始まる前にマダガスカルサンコウチョウに色足環をつけ、個体識別を行うためだ。色足環とはその名の通り色のついた足環のことで、カワリサンコウチョウの調査のときにも出てきたが、異なる色を組み合わせて鳥に装着することで、その個体がだれなのかを区別するものである。鳥類を個体識別する際には一般的に用いられる方法だが、色足環をつけるためには当然鳥を捕獲しなければならない。捕獲にはかすみ網を用いる。かすみ網を森の中に張り、録音したマダガスカルサンコウチョウの声を再生すると、気の強いマダガスカルサンコウチョウはすぐに飛んできて網にかかった。オスだけでなくメスもよく反応する。しかし、個体によっては音声に反応するものの、なかなか網まで近寄ってこないものもいて、捕獲にはずいぶん苦労した。個体識別をするのに時間を使っているとそれ以外の観察に時間を回すと個体識別がおろそかになる。そんなジレンマが続いた。

観察していてすぐに、マダガスカルサンコウチョウのオスは色彩や形態で四つのタイプに分けられることがわかった（Mizuta, 2002a：2003）。まずは尾羽の長いものが二タイプ。羽色がそれぞれ白色（White）と赤茶色（Rufous）であることから、これらを「White, Long（略してＷＬ）」、「Rufous, Long（ＲＬ）」と呼ぶことにした（図３・５ａ、ｂ）。先に書いた通り、ＲＬには翼に白い羽毛が混じっている。それから、羽色はＲＬとほぼ同じだけれど、尾羽が中途半端にしか伸びていないタイプ。これは「Rufous, Medium（ＲＭ）」と呼ぶことにした（図３・５ｃ）。それに、全身が赤茶色で尾羽が短いタイプ、「Rufous, Short（ＲＳ）」である（図３・５ｄ）。ＲＳはメス（図３・５ｅ）にそっくりだ。羽色が白くて尾羽が短いオス、ＷＳと名づけられるべき個体は見られなかった。つまり、羽色が白い個体はすべて尾羽が長いということになる。

巣立ったばかりの雛は、カワリサンコウチョウでもそうだったように、性別にかかわらずすべて赤茶色であ

図3･5　マダガスカルサンコウチョウ．(a)白色型のオス(WL)，(b)赤色型のオス(RL)，(c)赤色型で尾羽の長さが中途半端なオス(RM)，(d)全身が赤茶色で尾羽が短いオス(RS)，(e)メス．日本のサンコウチョウやタイのカワリサンコウチョウに比べずいぶん小さく華奢であるが，顔つきや体の形状はそっくりだ

図3·6　巣立ち間際のマダガスカルサンコウチョウの雛．羽色はすべて赤茶色である

った（図3・6）。RSは、この巣立ち雛と同じ赤茶色であることからも、前年生まれの一歳の個体であると考えられる。サンコウチョウやカワリサンコウチョウでも見られた、メスと姿かたちがそっくりなオスである。RMは、順当に考えると二歳のオスであろう。問題はその後だ。三歳以降でRLとWLに分かれるのだろうか、それともRLを経由して最終的にすべての個体がWLになるのだろうか。つまり答えるべき疑問は、白色型と赤色型が遺伝的な二型なのか、あるいは年齢による違いなのか、ということである。個体識別したオスを経年的に追いかけて、この色彩と形態の変化を調べることにした。

先に述べたように捕まえるのには苦労したが、そうして個体識別を施したとしても、その次の年に観察できる個体の割合はけっして多くはなかった。とくに雛の再確認率は極端に低く、五年間で五十一巣の雛百十八羽に色足環をつけたが、翌年観察できたのはたったの一羽だった。しかしこの個体はオスで、翌年は予想

表3・1　色足環をつけて経年的に観察したオスの色彩，形態の変化．Mizuta (2003) を改変

色彩，形態の経年変化					観察個体数
1年目		2年目		3年目	
WL	=	WL			11
RL	=	RL			7
RL	=	RL	=	RL	2
RM	=	RM			7
RM	→	RL			3
RM	→	RL	=	RL	1
RM	→	WL			4
RS	→	RM			12
雛	→	RS			1

→　色彩，形態が変わったもの
=　色彩，形態が変わらなかったもの

通りRSとなって生まれ育った巣から数百メートル離れたところに定着していた（表3・1）。これほど雛の再確認率が低いということは、巣立ち後の死亡率が高いこととともに、生まれた場所から分散する距離も相当に遠いのだろうと考えられる。

一歳以上のときに色足環をつけたオスでは、五十羽近くを経年的に観察することができた。この観察によると、まずRSは翌年かならずRMになっていた。続いてRMだが、これは翌年もRMのままでいた個体、RLに変化した個体、そしてWLに変化した個体がいた。RLからWLに変わった個体はおらず、またWLからRLに変わった個体も見られなかった（表3・1）。ここまで述べていなかったが、じつはRMと呼んでいる個体にもよく見ると二つのタイプがあった。RLと同じ色彩を持つ個体と、RLよりも赤味がうすく、お腹に白い羽毛がぽつぽつと混じっている個体である。前者には、翌年RLに変わったものと翌年もRMのままでいたものが含まれていた。一方、後者は翌年すべてWLに変わっており、翌年もRMのままでいた個体は見られなかった。お腹の白い羽毛のぽつぽつは、翌年白色に変化する予兆だったのだ。

この経年観察から、オスの色彩二型の形成過程を類推してみよ

う。色彩と形態の変化は以下のように考えられる。まずRSは一歳、RMは二歳という見立ては間違っていないだろう。白色型になるオスはその翌年、三歳でWLになり、以降ずっとWLのままである。一方、将来赤色型になるオスは翌年もRMで過ごし（ただし尾羽は少し長くなる）、その翌年、四歳でRLになる。以降はRLのままだ。WLは三歳以上の個体、RLは四歳以上の個体ということになる。つまり、RLとWLは年齢が高くなるとどちらか一方の色彩になるというものではなく、ともに羽色変化の最終型だったのだ。これまで謎だったマダガスカルサンコウチョウのオスの白色型と赤色型は、この一連の観察により、遺伝的に決められた色彩二型である可能性が濃厚となった（Mizuta, 2003）。マダガスカルサンコウチョウがそうであるからといってカワリサンコウチョウも同じだと断定はできないが、おそらくそのメカニズムは同じでカワリサンコウチョウの白色型と赤色型も遺伝的な二型だろうと推測される。

マダガスカルサンコウチョウの子育て

十一月、雨季に入るとぼちぼち巣が見つかり始める。カワリサンコウチョウと同じく、マダガスカルサンコウチョウの巣も森の中のかなり低い位置に作られていた。アンピジュルアの森は林床が開けていて、すかすかした感じで歩きやすい。そのすかすかした林床から生えている若い木の枝の股に巣は作られている。形状もサンコウチョウやカワリサンコウチョウの巣とそっくりで、木くずや乾いた草などをクモの糸でまとめたカップ状のものである。巣の高さは一メートルからせいぜい二メートルくらい。前述のようにマダガスカルサンコウチョウは警戒心が薄く、人がすぐ近くにいても無防備に巣に入るため、巣探しはとても楽な作業だった。

博士の学位をとるまでの五年間で、計百五十五の巣を観察した（Mizuta, 2002a）。それらの巣の持ち主であるオスのタイプの割合は、WL、RL、RM、RSの順に、それぞれ五十二個体（三十四パーセント）、四十五個体（二十九パーセント）、四十七個体（三〇パーセント）、十一個体（七パーセント）となっていた。ただしこれは営巣していた、つまり繁殖をしていたオスの割合である。実際の数としては、もっとも若い一歳のRSがもっとも多いと考えられる。にもかかわらず繁殖していたRSの割合が少ないということは、RSは繁殖能力はあるけれどメスを獲得できる機会が限られており、非繁殖個体として過ごしているものも多いのだろう。オスのタイプごとに繁殖成功率を比較してみても、WL、RL、RMの間に違いは見られなかったが、RSの巣の成功率だけは他のタイプに比べて低かった。RSおよびそのつがい相手のメスは経験不足のために、捕食者に見つかりにくい巣を作れなかったり、捕食者に見つかりにくいような行動をとることができなかったりといった理由で、巣の捕食圧を高めてしまうのかもしれない。

WLとRLの間では、繁殖成功率はもとより、一度に産む卵の数や巣の形状、給餌頻度など、繁殖に関するさまざまなことがらを比較してもことごとく違いが見られなかった。このことからも、WLとRLの間には年齢の違いによる繁殖経験の違いはないことが示唆された。

ところで、マダガスカルサンコウチョウの繁殖は抱卵期が十五日間、巣内育雛期が十日間とさほど長くないのに、巣の生残率はきわめて低い。昨日までは巣の中に卵や雛が入っていたのに、今日見にいくとそれらが忽然と消えてなくなっている、ということが頻繁に起こるのだ（図3・7）。調査二年目、一九九五年の巣の生残率を見ると、二十三個見つけた巣のうち、十三個は抱卵中に卵が消失していた。残る十個の巣では卵が孵化したが、そのうち七個では育雛中に雛が消失し、無事雛が巣立ったのはたったの三巣、巣立ち成功率は十三パ

図3・7　何者かによって壊されたマダガスカルサンコウチョウの巣．(a) 地面に落ちた巣の本体と，(b) 枝に残った巣材．このような捕食の痕跡はかなりの頻度で見られる．のちに，巣の破壊を伴う卵や雛の捕食はチャイロキツネザルの仕業であることが判明した(Mizuta, 2002b)．チャイロキツネザルは植物食であるとされており，これはチャイロキツネザルの肉食に関する世界で初めての発見であった

ーセントという非常に低い結果であった（Mizuta, 2000）。他の年も巣立ち成功率は総じて低く、平均するとだいたい八割ほどの巣は雛の巣立ちまで至らなかった。これは温帯域に生息する鳥と比べるとかなり低い値である。アンピジュルアの森には、マダガスカルサンコウチョウの巣を襲ういろいろな捕食者がいるのだろうと予想された。

当初の計画では、オスとメス、それに巣内の雛の血液を採取し、そのDNAを調べて親子判定をするつもりだった。こうすることで、つがい外交尾、すなわち親が浮気をしているかどうかを調べようと考えていたのだ。たとえば赤色型のオスの方が浮気されやすいとか、尾羽の長いオスは自分の巣以外でも子を残しているとか、そういうなんらかの傾向が得られれば、オスの色彩二型や長い尾羽の意義を考える手立てとなる。しかし、巣の捕食圧が高かったためにオスとメス、それらの雛の血液をそろって採取できた例は少なく、結局親子判定をして傾向を見るほどのサンプルを得ることはできなかった。

色彩二型はなぜあるのか

では、マダガスカルサンコウチョウのオスはなぜ色彩二型を持つのだろう。この質問に答えるためには、まず「なぜ」という問いかけの意味について考えなければならない。大学院入試の際に読んだクレブス・デイビスの『行動生態学』に、このことが書かれている。ある生物の形態なり行動なりを見て、「なぜ」という疑問を持った場合、その問いかけには四通りの答え方がある、というのだ。たとえばある鳥を眺めていて、「あの鳥はなぜあんなに素早く飛ぶことができるのだろう」と不思議に思ったとする。その疑問に対する四通りの答え方とはこうだ。一つ目は、素早く飛ぶことで獲物を効率よく捕ることができたり、敵からうまく逃げたりすることができるためだ、という答え。これはその行動の機能に関わる答え方である。二つ目は、素早く飛ぶのに適した筋肉や翼の構造を持っているためだ、という答え。これはその行動を可能にする機構（メカニズム）に関わる答え方だ。三つ目は、成長につれて筋肉や翼が発達し、また親を追いかけて飛ぶ練習をしているうちにだんだんと素早く飛べるようになるためだ、という答えで、これは行動の発達過程に関わる答えである。そして四つ目は、この種があまり素早く飛べない祖先種から徐々に進化して素早く飛べるようになったのだ、という答え。これは行動の進化に関わる答え方である。生物に関する「なぜ」には、つねにこのような四つの答え方ができる。これを最初に唱えたのはノーベル賞を受賞した動物行動学者ニコ・ティンバーゲンであるため、この問いかけと答えは「ティンバーゲンの四つのなぜ」という名称で知られている。

前置きが長くなったが、ではこの「ティンバーゲンの四つのなぜ」に基づいて、「マダガスカルサンコウチョウのオスにはなぜ色彩二型があるのか」を考えてみよう。機能に関わる答えは後回しにして、まずはメカニズムに関わる答えを簡単に考えてみる。これは、おそらく、という副詞をつけなければならないが、前節で述べた通り遺伝的に決まっているのだろう。どのような遺伝子なのかはまったくわからないが、とにかくある個体がこの二型のどちらになるかは遺伝的に決まっていることは間違いない。発達過程に関わる答えについても前節で述べた通りだ。オスの形態と色彩は年齢によって変わっていき、最終的にどちらかの色になることが経年観察により明らかになっている。進化に関わる答えはどうだろう。これには、デンマークの研究者らによって行われたサンコウチョウ属鳥類の系統解析に関する緻密な研究が参考になる（Fabre *et al.*, 2012）。サンコウチョウ属はアジアとアフリカに十三種が分布しているが、この研究によると、この属の起源は東南アジアであり、そこから分布拡大が何度か起こった結果、現在のように種分化したようである。その祖先種の羽色はどうだったかというと、現在も東南アジアに生息しているカワリサンコウチョウのようだったと推測されている。しかしそこから分散して近隣の島々に定着し種分化する過程で、マダガスカルサンコウチョウともう一種以外は色彩二型を失っている。つまり、マダガスカルサンコウチョウのオスがなぜ色彩二型を持つのかという問いに対する進化的な答えは、「マダガスカルに移り住んだ祖先が色彩二型を有しており、それが失われていないからだ」ということになる。もちろんこの先には、「なぜマダガスカルでは色彩二型は失われなかったのか」という疑問がわいてくるが、それについては現時点ではわかっていない。では最後に、後回しにした機能に関わる答えはどうだろう。色彩二型を持つことにどのような意味があるのかという、もっとも答えの知りたい問いなのだが、これは残念ながら未解決のままである。オスのみに見られる形質ということで、性淘汰に関わるなんらかの意義があるのだろうと推測していたが、先に述べた通り繁殖に関わるさまざまなことがらに、二型の間で違いは見られなかった。行動を見ているだけではわからない遺伝的な親子関係についても、サンプルが十分に得ることができず未解明のままだ。

じつはわたしと同時期に、マダガスカルの南部でやはりマダガスカルサンコウチョウの色彩二型の謎を追っている研究者がいた。メルボルン大学のラウル・ムルダー博士（Raoul Mulder、以下ラウル）である。ラウルは助手を雇い、わたしよりも大々的に調査を行っていた。一度彼の調査地を訪れたことがあるが、その森はアンピジュルアよりも樹高が高く、しかも林床に若木が少ないため、マダガスカルサンコウチョウはかなり高い位置に巣を作っていた。巣内の雛の血液を採取する際には、ザイルにぶら下がって巣に接近するなど、ラウルはずいぶん苦労して調査を進めていたが、それでもわたしより多くのサンプルを得ていた。そんなラウルも色彩二型の形成過程はわたしとほぼ同じ時期に明らかにしたものの（Mulder *et al.*, 2002）、その適応的な意義までは解明できなかったようで、これに関する論文はまだ出版されていない。そういうわけで、マダガスカルサンコウチョウのオスの色彩二型が持つ機能（なんのために色彩二型があるのか）については、世界中のだれも知らない謎のままなのである。

長い尾羽はなぜあるのか

日本でサンコウチョウを研究していたときからの疑問、「オスはなぜ長い尾羽を持つのだろうか」について、色彩二型と同じく「ティンバーゲンの四つのなぜ」に基づき考えてみよう。やはり機能に関する答えは後回しにして、メカニズムから。長い尾羽はオスのみに見られる形質なので、尾羽の伸長には雄性ホルモンが関わっているのだろう。もちろん尾羽の伸長に関わっている遺伝子もあるに違いない。したがって、「マダガスカルサンコウチョウのオスの尾羽が長いのはホルモンや遺伝子の働きによる」ということになるが、これではあまり納得してもらえる答えとはいえないだろう。しかしこの辺りのことはまったく未解明のままであるため、この程度で許していただきたい。発達過程に関わる答えを考えるためには、経年観察による尾羽の伸長過程を見てみよう。オスは一歳のときはメスと同じように尾羽が短かったが、二歳で少し長くなり、三歳以降でぐんと伸長するようだということが明らかになった。すなわち、マダガスカルサンコウチョウのオスの尾羽が長いのはその個体の年齢が高いからだ、ということになる。進化的な答えは色彩二型と同様だ。遠い昔、マダガスカルサンコウチョウの祖先がマダガスカル島に到達した時点でこの鳥はすでに長い尾羽を持っていて、その形質が失われることはなかった。このため、現在でもマダガスカルサンコウチョウのオスには長い尾羽が見られるのだ、ということになる。では最後に機能に関わる答え。一夫一妻の鳥であるマダガスカルサンコウチョウのオスが長い尾羽を持つことにどのような意味があるのか。だれもが答えを知りたい問いである。これも確実なことはわからない。ただし、尾羽の長いオスは短いオスに比べ、隣接する個体の巣の近くにより多く侵入しており、その侵入は隣りの巣の持ち主であるメスが卵を産む前、つまり受精可能期間に多いことが、観察によって明らかになっている（Mizuta, 2000）。状況証拠に過ぎないが、これはもしかしたら尾羽の長いオスによる隣接メスとのつがい外交尾をねらった行動なのかもしれない。尾羽が長い方がつがい外交尾の機会が多くなるということがもしあれば、マダガスカルサンコウチョウのオスが長い尾羽を持つのはメスを惹きつけより多くの子を残すことができるため、といえるかもしれない。これを証明するにも、やはりＤＮＡによる親子判定が必要となるだろう。なお、Fabre *et al.*（2012）によると、サンコウチョウ属十三種のうち、アフリカ大陸の原生林に生息する三種と島嶼に生息する二種の計五種では、オスの尾羽が長くないそうだ（〝退化〟したと表現した方がわかりやすいかもしれない)。なぜこれらの種で長い尾羽が〝退化〟したのか、種間比較をしてみれば答えに近づけるかもしれない。いずれにせよ、マダガスカルサンコウチョウのオスの尾羽が持つ機能(なんのためになく長い尾羽があるのか)についても、現時点ではまだ謎のままであるというしかない。そういうわけで、わたしの博士論文は「マダガスカルサンコウチョウのオスに見られる色彩二型の形成過程を明らかにした」という内容になり、その二型や長い尾羽の持つ機能についてては明らかにはできなかった。

マダガスカルサンコウチョウの巣を襲う捕食者

先に、アンピジュルアのマダガスカルサンコウチョウは巣の捕食圧が高く、ほぼ八割の巣が捕食にあうと述べた。八割が捕食されるという状況は、繁殖に関する調査をするのにはとても効率が悪い。巣を見つけても、そのうちの二割しかまともに観察ができないからだ。この捕食圧の高さは予想外のことで、マダガスカルサンコウチョウの調査における大きな困難の一つであった。

しかし、「巣の捕食」という現象に着目すると、これは逆に八割の巣でデータが取れるということになる。行動生態学では、次世代に残すことのできる子の数(厳密にいえば繁殖齢に達するまで生き残ることができる子の数)のことを「適応度」と呼ぶが、巣の捕食はこの適応度を直接的に低下させる。つまり巣の捕食という現象は、その種の進化に大きな影響を与える要因ということになる。巣の捕食に着目することは、案外大きな実りのある研究になるかもしれない。学位取得の直後、二〇〇〇年に行った調査でたまたまチャイロキツネザル *Eulemur fulvus* がマダガスカルサンコウチョウの巣内の雛を食べる現場を目撃したことも、捕食者が鳥類に

図3・8　判明したマダガスカルサンコウチョウの巣の捕食者3種（水田, 2007；Mizuta, 2009）．(a) チャイロキツネザル，(b) シロハラハイタカ，(c) ゴノメアリノハハヘビ．活動時間帯や食物の探索行動はそれぞれ異なっており，マダガスカルサンコウチョウの巣はつねに捕食の危険にさらされていることがわかる．(c) は森　哲氏提供

与える影響の大きさを実感した出来事であった（Mizuta, 2002b：図3・7を参照）。そこで、博士の学位を取得しポスドクの身分を得てからは、この巣の捕食に着目して研究を行うことにした。

八割の巣が捕食されるなら、捕食の現場はかなりの高頻度で見られるに違いない。そう考えて、まずはチャイロキツネザル以外の巣の捕食者の特定を試みた。しかし、すぐにわかったがこれはそんなにたやすい作業ではなかった。考えてみれば、捕食者がだれであれ、巣の中の卵や雛を襲うのにそれほど時間はかけないだろう。巣の捕食というのはほんの一瞬で終わってしまう出来事であるといってよ

図3・9　マダガスカルサンコウチョウの巣に設置した温度データロガー．センサーの1つは巣の中に入れ，もう1つは巣の外に出して，それぞれ温度を記録している．親はまったく気にせず巣に座っている．繁殖が続いている間はつねに巣内の温度の方が高いが，卵や雛が捕食されると内外の温度差がなくなるため，記録を見れば捕食された時間を正確に知ることができる（水田，2007；Mizuta, 2009）

い。その現場を運よく観察できる確率というのは、けっして高いとはいえない。ビデオカメラを駆使し、捕食現場の撮影を試みたが、当時のビデオカメラは今のようにハードディスクに画像をためられるものではなく、ビデオテープの長さ以上に録画することができなかった。それでも頻繁にテープを換え、バッテリーを換えて、なんとか三種類の捕食者を特定することに成功した（水田、二〇〇七：Mizuta, 2009）。

この三種とは、チャイロキツネザル、シロハラハイタカ *Accipiter francesii*、ゴノメアリノハハヘビ *Madagascarophis colubrinus* である（図3・8）。チャイロキツネザルはおもに昼行性であるが、夜間にも活動する哺乳類だ。シロハラハイタカは昼行性の鳥類、ゴノメアリノハハヘビは夜行性でおもに樹上性の爬虫類である。

またこの調査中、ビデオカメラと同時に巣に温度データロガーを設置した（図3・9）。温度データロガーとは、一定の間隔で温度を自動的に記録し、そのデータを蓄積していく機械のことである。親が抱卵をしていたり体温のある雛がいたりすれば、巣内の温度は巣外よりも高いはずだ。温度データロガーにより巣の内外の温度差を記録すれば、巣が捕食された時間帯がわかるだろう、というわけだ。この目論見は成功し、抱卵期間中に十八例、育雛中に十九例の捕食の時間帯を特定することができた（水田、二〇〇七：Mizuta, 2009）。これによると、巣の捕食は早朝と夕方、そして夜間に多かったが，昼間にも見られ，とくに時間帯が限られているわけではなかった。抱卵中、育雛中の巣が捕食された時間帯にも違いは見られなかった。マダガスカルサンコウチョウの巣は、昼夜を問わず捕食者に狙われているということになる。親にしてみればたまったものではない。やはり巣の捕食というのは、鳥類の巣内での育雛行動や、どこに巣を作るかという営巣場所選択そのものにも大きな影響を与えているに違いない。

そして、この先はまだ論文にしていないので詳しくは書けないのだが、捕食者の存在がマダガスカルサンコウチョウの育雛行動を変化させているという実験結果も得ている。ごく簡単に書くと、マダガスカルサンコウチョウの親は捕食者の音声を聞くと巣を訪れる時間を遅らせ、その遅らせ方は営巣場所の環境によっても異なっている、というものだ。親は巣を狙う捕食者の音声をきちんと認識しており、また親にとっての捕食者の視認しやすさや、周りからの巣の見えやすさなどが、どうも親の育雛行動に影響を与えているらしい。

この研究はもう十年も前に行ったものであり、それにもかかわらずまだ論文化できていないのは我ながら恥ずかしいが、この結果自体は非常に面白いものだし、また近年このような研究はさかんに行われているので、ぜひ近いうちに論文として公表したいと考えている。

コラム　台湾でコシジロキンパラを追う

捕食者の存在が鳥の行動に影響を与えている、ということに最初に関心を持ったのは、じつはマダガスカルではなかった。学位の取得後に台湾に調査に行く機会があり、そのときふとした拍子に思いついたのだ。

ジュウシマツ *Lonchura striata var. domestica* という飼い鳥のさえずりの進化について研究を行っている千葉大学の岡ノ谷一夫さん（現東京大学）が、当時、この鳥の原種であるコシジロキンパラの野外調査を計画されていた。それで、実際に調査を行う大学院生の山田裕子さん（現東京海洋大学）の補助をする野外調査経験者を探していると聞き、学位を取ったものの行く当てもなく暇だったわたしが志願したのだ。

ジュウシマツのオスは複雑な声でさえずり、メスに求愛をするのだが、これに対し原種であるコシジロキンパラのさえずりは非常に単純である。研究の中心的な課題は、単純なさえずりしか持たないコシジロキンパラから、どのようにしてジュウシマツの複雑なさえずりが進化したのか、というもので、わたしの任務は野外調査地を選定し、山田さんとともに現地に赴きコシジロキンパラを捕獲して、何羽かを日本に連れて帰る、というものであった。

調査のカウンターパートは、台湾でカエルの調査をした経験のある大阪市立大学の先輩、辻 広志さん（現名古屋短期大学）に相談し、「台湾特有生物研究保育中心」の林 瑞興さんを紹介してもらった。林さんはヤイロチョウ *Pitta nympha* の研究を行っている人で、台湾の若手鳥類研究者のリーダー的存在である。まず二月に短期間の予備調査に行き、林さんに自動車で台湾各地を案内してもらって、調査地を探して回った。そして台湾東部、花蓮県の馬太鞍という美しい田園地帯が調査地として適当だろうと目星をつけ、いったん帰国した後、八月に再び馬太鞍を訪れ、ここで個体の観察と捕獲を行った。

八月の暑い中、馬太鞍にある湿地で、腰近くまで泥につかりながらかすみ網を張ってコシジロキンパラを捕獲していたときのことである。コシジロキンパラは群れで行動している鳥なので、かすみ網にかかるときは一度にたくさんの個体がかかる。わたしたちは網から離れたところで待機していて、鳥がかかれば急いで駆けつけ網から外すのであるが、なにせ湿地であるため、すぐに網に近づくことができない。と、あるとき、網にかかったコシジロキンパラめがけて何者かがすごい勢いで飛びかかり、そのまま網にかかってしまった。それはタカサゴモズ *Lanius schach* という大型のモズだった。襲われたコシジロキンパラは、一撃で喉もとを引き裂かれ、あわれ絶命していた。コシジロキンパラにとってタカサゴモズはとても強力な捕食者であることがうかがえた。

そうして捕獲したコシジロキンパラを宿泊先に連れて帰り、かごに入れて飼っていた際のこと。夕刻、かごの中のコシジロキンパラの群れが騒々しく鳴いていたが、そのとき屋外から例のタカサゴモズの高い声が聞こえた。すると、驚いたことにそれまで騒いでいたコシジロキンパラたちがピタッと鳴くのを止め、じっと動かなくなったのである。コシジロキンパラは、捕食者であるタカサゴモズの声を明らかに認識しており、それを聞くと警戒して鳴き止み、しばらく不動状態になるという行動をとったのだ。

動物にとっての捕食者は、自身の生命を危うくするきわめて危険な存在であるため、その捕食者を、姿かたちだけでなく音声でも認識しておくことは、より早く捕食者を探知する上でとても重要である。そしてこれは、自身の捕食者だけでなく、適応度を直接的に低下させる巣の捕食者に対しても同様であろう。先に述べた、マダガスカルサンコウチョウが巣の捕食者の音声を認識し、それを聞くと育雛行動を変えていることを確かめた実験は、こういうわけで、マダガスカルではなく台湾でそのアイデアを得たのである。

所属先を変える

マダガスカルに行っていた九年間で二度、所属先が変わり、異なる三つの大学の研究室に籍を置くことになった。当たり前のことであるが、大学によって研究室の雰囲気は大きく異なる。本章の最後でこのことに触れておきたいと思う。

前に述べた通り、大学院に進学したときには大阪市立大学の動物社会学研究室に所属していた。マラリアのせいで前期博士課程を三年やることになったのも先に述べた通りだが、その翌年、後期博士課程に無事進学し、その年の調査が終わって帰国した日のことである。山岸先生から「京都大学に移ることになったから、いっしょに行くかどうか一晩考えて明日返答せよ」と寝耳に水のお達しがあった。山岸先生が大阪市立大学大学院理学研究科から京都大学大学院理学研究科へ異動されることになり、ついてはいっしょに京都大学に移るか、それとも大阪市立大学に残るか、すぐに決めろというのだ。

動物社会学研究室の雰囲気は気に入っていたし、どうしたものかと迷っていると、先輩たちは「ぜひ移るべきだ」と熱心に勧めてくれた。なんといっても京都大学は著名な研究者を輩出している動物学の総本山であり、昔から海外での学術調査もさかんで、輝かしい〝探検〟の歴史がある。今西錦司の『大興安嶺探検』や梅棹忠夫の『東南アジア紀行』などといった本は、野外調査の際に持って行ってわくわくしながら読んだものだ（もっとも『東南アジア紀行』は梅棹が大阪市立大学の教授だったときの探検について書かれたものだ。そういう意味では、大阪市立大学もこの探検の歴史の傍流に位置しているのかもしれない）。しかも山岸先生は、行動学の分野では知らない人はいない日高敏隆さんが退官された後の動物行動学研究室の教授になるという。京都大学は高校生のころの進路選びでは学力不足で早々に断念した大学であり、こんなチャンスは望んだってなかなか巡ってくるものではない。翌日、山岸先生に「京都に連れて行ってください」と伝え、四月から晴れて京都大学に所属することになった。

大阪市立大学の動物社会学研究室は先輩が後輩の研究の指導をかなり熱心にするところで、お互いの研究の話をしながらつねに切磋琢磨するという雰囲気があった。しかし移った先の京都大学動物行動学研究室では、ゼミのとき以外は個別の研究の話はあまりせず、学生はどちらかというと「行動学とは」、「研究とは」、「科学とは」などといった、概念的なというか哲学的なというか、そういった大きな話題を好む傾向があった。動物社会学研究室では対象動物が脊椎動物だけだったのに対し、動物行動学研究室ではもっと幅広い分類群を対象としていたことも、個々の研究の話をあまりしなかった要因かもしれない。いずれにせよ、研究室によって雰囲気がまったく異なるのは新鮮な驚きで、ある意味カルチャーショックといってよかった。どちらがいい悪いという話ではない。動物社会学研究室の学生同士の密なつながりも頼もしかったし、動物行動学研究室の個人主義的な雰囲気もまた好ましかった。どちらの研究室も居心地がよく、楽しい研究生活を送ることができた。

京都大学で学位をとった後の二年ほどは、行く当てもなく悶々と過ごしたが、運よく日本学術振興会の特別研究員（ＰＤ）に採用されることになった。三年間であるが給料をもらいながら好きな研究ができるというありがたい立場で、研究職を目指す者にとってこれほど嬉しい肩書きはない。所属先には、マダガスカルで研究をともにした東邦大学の長谷川雅美さんの地理生態学研究室を選んでいた。長谷川さんは視野の広い研究者で、そのころわたしが関心を持っていた、餌生物や捕食者の動態が鳥類の生活史に与える影響を研究するのにうってつけの研究室だと感じたからである。東邦大学は千葉県にあり、関西生まれ関西育ちのわたしにとっては初

図3・10　(a) 東邦大学の長谷川雅美さんの研究室では，房総半島で田んぼを借り米を作っていた．その田んぼでの調査風景．(b) 軽井沢の森に掛けたシジュウカラ調査用の巣箱．未発表のため詳細は書けないが，これはある調査のために開発した画期的な(と自分では考えている)巣箱である

めて関東に居を移しての生活となった。

東邦大学は大阪市立大学や京都大学と違い大学院生がそれほど多くなく、わたしは学生たちからすればかなり年の離れた年長者であった。これはこれでやはりカルチャーショックで、移った当初はやや物足りなさを感じたのも事実である。しかし東邦大学にはナチュラリスト的な素養のある学生が多く、房総半島や伊豆諸島といった場所にいっしょに出かけては、カエルやらヘビやらトカゲやらを捕まえる野外調査を行うのはじつに楽しかった（図3・10a）。東邦大学の山小屋がある軽井沢でシ

ジュウカラの調査を行ったこともある（図3・10b）。それまでは鳥類だけを研究対象としていたが、鳥類にとってときには餌となり、ときには捕食者ともなる両生類や爬虫類を研究対象として見られるようになったことも、東邦大学に籍を移して得た新たな視点であった。

こうして振り返ってみると、マダガスカルに通っていた九年間に所属した研究室三つとも、ありがたいことにわたしの性に合っていて、本当に幸せで得がたい年月を過ごさせてもらったと思う。

第4章
「幻の鳥」オオトラツグミ

オオトラツグミ

さて、本書のタイトルを覚えている読者は、この物語がいったいどこに向かっているのかそろそろ不安に思い始めているに違いない。前置きがあまりに長くなってしまったが、安心していただきたい、いよいよここから本書のタイトルにあるオオトラツグミの話を始めたいと思う。

二〇〇六年三月。日本学術振興会特別研究員としての幸せな三年はあっという間に終わりを迎えたが、その次の職が決まらない。今から考えると「もっと危機感を持ちなさい」と自分をしかりつけてやりたい気になるが、焦燥感はさほどなく、非常勤講師の口でも見つけて暮らしていれば次の行き先も見つかるだろう、と楽観的に考えていた。そんなとき、あるメーリングリストに「奄美野生生物保護センターでオオトラツグミの保全に携わる研究者を探している」という情報が流れた。自分が就いていい職なのか迷ったが、いろいろ考えた末に応募することにした。

奄美大島に移り住む

メールの内容は、それまでの自分の研究とはあまり関係のない「保全」に関わる募集だったこともあり、最初はあまり気に留めていなかった。メーリングリストに情報を流したのは東京大学の石田 健さんである。奄美大島に通い続け、この島の鳥類を研究している人だ。そのころ石田さんの研究室には、青年海外協力隊の隊員としてマダガスカルに赴任していた森さやかさん（現酪農学園大学）が、帰国して大学院生となり在籍していた。森さんとはマダガスカルにいたころから親しく、なにかとお世話になっていたし、彼女が日本に戻ってからもマダガスカル関連の集まりで顔を合わせるなど仲よくしていた。それで、なにかの用事で森さんにメールで連絡した際、「そういえば石田さんがオオトラツグミの研究者を募集していたね」、と書いたところ、「石田さんは水田さんも対象の一人として考えているみたい」と教えてくれたので、そうか、ならば一度話を聞いてみるか、という気になり、石田さんの研究室を訪ねることにした。そこで環境省奄美野生生物保護センターが行っている希少種保全やマングース防除の話を聞き、奄美大島は面白そうなところだと感心する反面、じつはその時点でもすごく乗り気になったわけではなかった。しかし、その後あれこれ考えているうちに、四月からの所属先も決まっておらず、東邦大学も居続けられるのは迷惑だろうし、居続けたところでなにかよいことがあるとも思えないので、とりあえずの所属先として奄美大島に行くのも悪くないかもしれない、と思い始めた。ちょうど三月にNPO法人奄美野鳥の会という団体がオオトラツグミの調査をするということだったのでそれに参加し、同時に奄美野生生物保護センターを訪ねることにした（図4・1）。センターで環境省の自然保護官（レンジャー）である阿部愼太郎さんと面談すると、あれよあれよという間に話が進み、その日のうちに四月から働かせてもらうことが決定した。わたし以外に応募者はいなかったようだ。

面談に行ったときに野生生物保護センターの周囲を少し歩いていて、そこにいる鳥の多さにちょっとした衝撃を受けていた。山際からはシロハラが飛び出し、空にはサシバが舞い、多くのリュウキュウツバメが電線に並び、カワセミは川に飛び込み魚を採っている。これまで京都、大阪、千葉と居を移してきたが、身の周りでこれほど鳥の影の濃いところに住んだことはなかった。鳥が多いということは調査もやりやすいかもしれない。この鳥の影の濃さも、奄美大島に移り住む決心をほんの少し後押しした。

ともかく、そうと決まれば忙しい。奄美大島から千葉に戻ってすぐに準備をし、各方面にあわただしく報告とお別れをして、二週間後には奄美大島に引っ越すことになった。奄美野生生物保護センターに寝泊りできる

図4・1　2006年当時の環境省野生生物保護センター．そのころはこのように外壁が白かったが，2014年に外観が一新された．どのように変わったかぜひ見比べに来ていただきたい

場所があるから、当面はそこに泊まって住むところを探せばよい、と阿部さんに言われたので、引っ越し先も決めぬまま、とりあえず身一つで奄美大島にやってきた。

さてどこに住もうか。選択肢は二つ。一つは奄美大島の中心地で、物件もたくさんありそうな奄美市名瀬の周辺。この年の三月に他の町村と合併するまで名瀬市と呼ばれていた地域である。市街地は想像していたより大きく、生活は便利そうだ。しかし奄美野生生物保護センターのある大和村までは自動車で四十分ほどかかる。東シナ海を眺めながらドライブ通勤というのも悪くないが、毎日だとたいへんだ。もう一つの選択肢は大和村。村内に信号機が一か所しかないようなのどかなところで、買い物をするところもほとんどなく、生活は不便そうだが職場には近い。名瀬に比べると自然も格段に美しい。どちらも一長一短があるが、通勤時間の短さが決め手となって、大和村に住むことにした。

じつは二週間前に来たときに少し不動産屋を巡り、大和村にいい物件を一つ見つけていた。職場からは近いし、当時独身だったわたしには贅沢なほど広い一軒家で、都会に比べると家賃も格安だった。そこに決めようかと不動産屋に連絡したのだが、なんとその前日に新しく来る小学校の先生が入居を決めてしまったという。落胆していたら、電話口でその物件の管理人だという女性が、自分の息子が大和村の役場に勤めているから相談するとよい、と教えてくれた。大和村役場を訪ねると、その息子さん、大瀬幸一さんは、待ってましたとばかりに空いている住宅へと案内してくれた。本来は学校の先生のための住宅だが現在は空いているという。少々古いが独り身には十分な広さだし、職場からも徒歩三分という近さだ。村営の住宅なので家賃は破格の安さである。ここに住まないと判断する理由はなにもない、と思い、ありがたくここを借りることにした。

大瀬さんはこの住宅と同じ思勝（おんがち、と読む）という集落に住んでいるそうで、ここに入居するとなるとこれからご近所さんになる。と、大瀬さんは突然奇妙なことを言い出した。「水田さんが締めるまわしはちゃんと用意しておきます」。まわし？　なにを面白くない冗談を言っているのだろうこの人は、と思ったが、奄美大島は相撲がとてもさかんなところで、秋のお祭りの際には若い男性はまわしを締めて相撲をとるというのだ。各集落にはそれぞれ立派な土俵が設えられている。体格のよくないわたしは、まさか自分まで相撲をとらされることはあるまい、と高をくくっていたが、とんでもない、日本の他の地方と同じくここ大和村でも過疎化は進行しており、若い男はすべからく相撲をとらねばならないことになっている。それから毎年秋の豊年祭では、用事で島にいないとき以外は、まわしを締めることになった。

コラム　島での生活

豊年祭だけでなく、さまざまな行事があって大和村での生活はすこぶる忙しい。住むことになった思勝は住民が百五十人に満たない小さな集落であるが、小さいだけにみんなが知り合いで、ことあるごとに集まりが開かれる。当時青年団長だった大瀬さんからは、「ソフトボール大会がある」、「次はグランドゴルフ大会だ」、「集落の話し合いに来てほしい」、「子供会主催の運動会だ」、「水田さんの歓迎会をするから来るように」などと、しょっちゅう連絡が来た。これはたいへんなところに引っ越してきた、と思ったが、その歓迎会での歓迎ぶりは都会では考えられない温かさで、現代の日本でこれほど人と人との結びつきの強い地域があったのかとちょっと感動的だった。

集落の行事は秋がもっとも忙しい。「舟こぎ大会」が開催される大和村のお祭り「ひらとみ祭り」から始まり、奄美大島の伝統的な踊りである「八月踊り」を歌い、踊る思勝集落のお祭り「キトバレ踊り」、地域の大人たちも参加して盛大に行われる小学校の運動会、先に述べた豊年祭、大和村の集落対抗の体育大会、やはり集落対抗の駅伝大会、などなど、毎週のように行事があり、またそのための練習もあって、この時期はゆっくりできる休日などあまり取れない。

田舎の人間は排他的だとはよくいわれることだが、少なくとも大和村の人に限っていえば、よそ者に対して排他的どころかとても寛容で懐が深い。わたしはどちらかというと人と積極的に付き合える方ではないので、大和村に住まなければ職場や仕事関係以外に人と接する機会はあまりなかっただろう。そうなっていれば「島」という特殊な環境での色濃い人間関係を経験する機会は今よりずっと少なかっただろうし、島での暮らしの楽しみはもっと限られていたに違いない。名瀬ではなく大和村に住むことにしたのは、そういう意味では正解だった。

地方に住むこと、とくに奄美大島のような離島に住むことには、多くの点で不便や不利益が存在する。島外に出ようとすれば金銭的な負担が大きいし、あらゆることで選択肢が限られているというのは、わたし自身よく感じるし不満にも思っているところだ。しかし一方で、内地（奄美大島から日本本土を指してこのように表現する）で起こるさまざまな事件や事故のニュースに接するたびに、島での暮らしは安全で平和だなあとつくづく感じる。現在のわたしは結婚し小さな子供が一人いるのだが、豊かな自然と温かな人間関係の中で子育てができるということは、紛れもなく幸せなことだと思う。

最近、ある学会で奄美大島と同じ奄美群島にある徳之島のＮＰＯ法人徳之島虹の会の方のお話を聞く機会があったが、その方は、「世界中でもし食料危機が起こっても自分たちは生き残る」と自信を持っておっしゃっていて、これは島で暮らすことの不便さを逆手に取ったすごい発言だと感じ入った。さまざまなものに依存し、グローバルなつながりから離れて生活することがもはや困難になっている都会での生活は、もちろん便利だし楽しみも多いのだが、ひとたびなにか問題が起こると途端に機能不全に陥ってしまう可能性がある。先のＮＰＯの方の発言は、他に依存することの少ない島での暮らしは、たとえ世界が揺らぐような大問題が起こったとしても、たいして動じることはないのだ、という意味なのだろう。どちらがいい悪いとは一概にはいえないが、そのような自立した暮らしに価値を見出す人が増えれば、島はもっと活性化するだろう。

奄美大島の概況

さて、住むところも決まったし引っ越しも無事済んだ。これからオオトラツグミの調査が始まるが、その前に奄美大島という土地についてもう少し解説を加えておいた方がよいだろう。

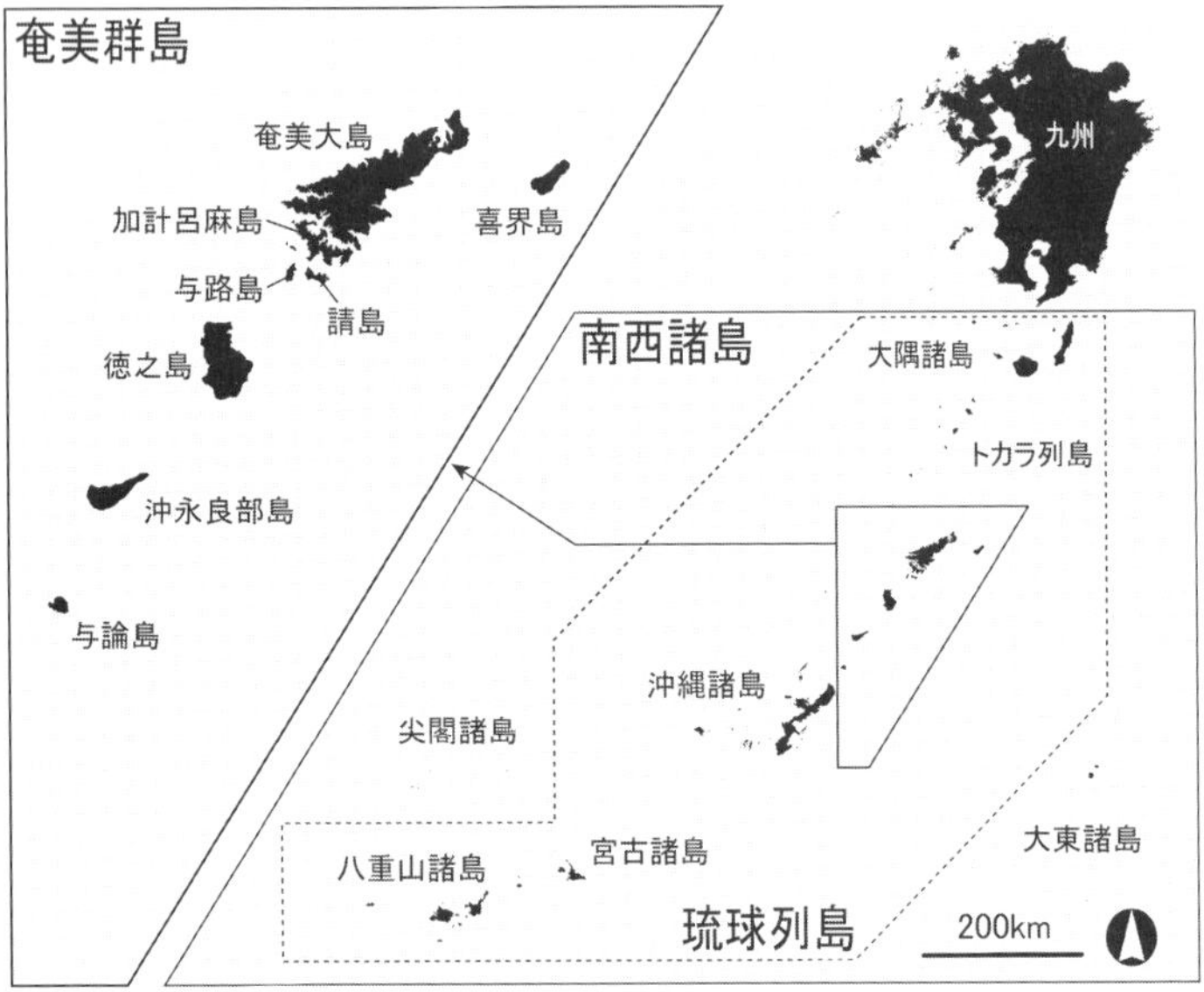

図4・2　日本の南西にある島々のことを「南西諸島」と呼ぶ．その主要な部分は「琉球列島」とも称され，奄美群島はその琉球列島の一部に含まれる

奄美大島は九州の南端から南南西へ約三〇〇キロメートルの洋上に浮かぶ面積七百十二平方キロメートルの島である。東京二十三区より少し大きいくらい、関西方面では琵琶湖より少し大きいくらい、と書けば、そのだいたいの広さを想像してもらえるだろうか。奄美大島は、八つの有人島からなる「奄美群島」と呼ばれる島嶼域に含まれる（図４・２）。有人八島は、北から順に奄美大島、喜界島、加計呂麻島、与路島、請島、徳之島、沖永良部島、与論島であり、島の景観はそれぞれ異なって個性的である。奄美大島はこの中でもっとも大きく、もっとも多くの人口（平成二十六年度の統計で六万三千四百四十三人）をかかえている。

奄美大島に来る前のわたしがそうであったように、奄美を沖縄の一部と捉えている人は少なからずいるが、むろんこれは誤りである。行政上は沖縄県ではなく鹿児島県に属しているし、文化的にも、沖縄の影響は見られるものの鹿児島の要素の方が格段に強い。島の雰囲気は、どちらかというと〝九州の一地方都市〟という印象だ。したがって、旅行先として奄美大島を選び、〝沖縄〟的な異文化との出会いを期待して訪れると、少々肩透かしを食らうことになるかもしれない。もっともこれは第一印象の話であり、少し滞在すれば、そこには沖縄でも鹿児島でもない独自の文化が息づいていることにすぐ気づくだろう。

その「独自の文化」の代表的なものの一つが島唄だろうか。奄美大島の島唄は、沖縄で歌われる琉球音階を用いた民謡とはまったく異なり、裏声を多用した悲しげにも聞こえるものである。特異な歌声を持つ歌手の元ちとせや中　孝介などは奄美大島出身で、もともと島唄を歌っていた人たちだ。島唄には労働歌のほか、男女の掛け合いを含む恋愛歌も多い。「八月踊り」の際に歌われる歌には、耳で聞いている分には意味がよくわからないが、文字で読むと赤面してしまいそうな内容のものも少なくない。面白いことに、八月踊りは同じ奄美大島の中でも歌詞や歌い回し、踊り方などが集落ごとに微妙に異なっていて、文化が少しずつ変容しながら伝播していくさまが見て取れるようで、非常に興味深い。

島唄で歌われる言葉は〝シマグチ〟と呼ばれる奄美方言であるが、こちらは鹿児島ではなく沖縄の方言に近いようである。わたしにはよくわからないが、確かに単語を拾っていくと沖縄の言葉と共通のものも多い。ともかくお年寄りが本気でそのシマグチを話すとほぼ外国語のように聞こえ、よそから来た人間にはまったく理解できない。一方で、戦後の学校教育では方言を使ってはいけないという指導があったため、戦後生まれの多くの人たちにとってシマグチとは、「理解できるけれどしゃべれない」ものなのだそうだ。単一の言語の中で育ってきたわたしには「理解できるけれどしゃべれない」という感覚がそれこそ理解できず、この話を聞くたびに日本の中にも多様な言語と文化があることを痛感する。なお、使える人が減りつつある奄美方言は、ユネスコによって消滅危機言語の一つと位置づけられている。

奄美大島の生物の起源

文化的には鹿児島、言葉は沖縄に近いことがわかったが、ではそこに住んでいる生物についてはどうだろう。じつはこちらは圧倒的に沖縄に近い。

奄美群島は、かつては沖縄諸島とともにユーラシア大陸の辺縁部に位置していた。それが、地殻の変動や氷河の消長に伴う海水面の上昇などにより、遅くとも前期更新世（約百七十万年前）には大陸から分断されて島となったらしい。現在「中琉球」と呼ばれる奄美群島と沖縄諸島は、このころは一つの大きな陸塊であった。奄美群島と沖縄諸島が別々の島に分かれたのは百万年ほど前のことであり、それまでは両地域の生物は陸続きの土地に住んでいたことになる。これが、現在でも奄美群島と沖縄諸島に共通する生物が多く見られる理由である。一方、奄美群島と九州の間（正確にはトカラ列島の悪石島と小宝島の間）には、トカラ海峡と呼ばれる水深千メートル以上の深い海があり、この海によって奄美群島はそれより北の陸域と分けられていた。生物相が沖縄に似ていて鹿児島に似ていないのは、鹿児島の方が海で隔てられた歴史がはるかに長いためなのである。

しかし、いきなり百七十万年前とか百万年前とかいわれてもピンとくるだろうか。わたしはまったくピンとこない。そこで、より身近な人類の歴史に照らして考えてみると、わたしたちの遠いご先祖様、原人と称されるホモ・エレクトスがアフリカを出て西アジアに至ったのが約百八十万年前といわれている。ヨーロッパで最古の人骨の化石はイタリアで見つかった九十〜八十万年前のものらしいので、百万年前というと、人類がようやくヨーロッパに到達したくらいだろうか。つまり、奄美群島が大陸から離れ、さらに沖縄諸島とも分かれて島になったのは、ご先祖様がアフリカを出てヨーロッパの辺りをうろうろしていたころのことなのだ。なお、わたしたちと同じ現生人類であるホモ・サピエンスが登場したのは二十万年ほど前のことである。そして、そのホモ・サピエンスが奄美大島に到達したのは二万五千年ほど前と考えられている。そういわれてもまだ数字が大きすぎてあまりピンとこないのだが、ともかくわたしたち現生人類が生まれるよりはるか前から、奄美群島は島になっていた、ということである。

さて、百七十万年前に大陸から分離した際に中琉球に生息していた生物は、当然、大陸にいる仲間と離れ離れになり、取り残されて島暮らしをすることとなった。その中には、大陸の仲間がなんらかの理由で絶滅してしまい幸運にも島だけで生き残ったものや、島暮らしを続けるうちに新たな種へと分かれたりするものもあった。それが現在、他の地域には分布せずこの地域だけに見られる「固有種」である。大陸の仲間が絶滅して島だけに生き残った種のことを「遺存固有種」と呼び、島で新たな種に分かれたもののことを「新固有種」と呼ぶ。有名なアマミノクロウサギ *Pentalagus furnessi*（口絵3）やルリカケス *Garrulus lidthi*（口絵4）は他の地域には分布していない遺存固有種であり、これらの動物ほど有名ではないが琉球列島でいくつかの種に分化しているハナサキガエルの仲間（ニオイガエル属 *Odorrana*：口絵6）などは典型的な新固有種である。

ルリカケスを例に挙げたように、鳥類でも奄美群島でのみ繁殖する固有種は存在する。ルリカケス、アマミヤマシギ *Scolopax mira*（口絵2）の二種と、オーストンオオアカゲラ *Dendrocopos leucotos owstoni*、アマミコゲラ *Dendrocopos kizuki amamii*、アマミシジュウカラ *Parus minor amamiensis*、それにわたしの研究対象となるオオトラツグミ *Zoothera dauma major*（口絵1）の四亜種である。ちょっと待って、ウサギやカエルはともかく、鳥は空を飛べるのになんで島に取り残されるのだ、飛んで自由に移動すればよかったじゃないか、と不思議に思う方もいるかもしれない。確かにその通りだ。しかし、空を飛べることと自由に移動することはかならずしも同義ではない。鳥はわたしたちが思っているほど自由気ままに生きているわけではない。むしろ、かなり保守的であるといってよいだろう。島の中で十分生きていけるのなら、あえて危険を冒してまで島から離れる必要はなかったのかもしれない。上に挙げた奄美群島の固有種や固有亜種は、アマミヤマシギ以外はすべて留鳥である（アマミヤマシギの中には冬期に沖縄諸島まで渡る個体もいるが、今のところ沖縄で繁殖は確認されていない）。島に定着し、他の陸域と交流することなく生き続けたからこそ、この地域での「固有化」の道をたどったのだ。

固有種と絶滅危惧種の島

固有の生き物が多いということはすなわち、その地域には世界の他の地域には見られない固有の生態系が存在するということである。一般に、「島」という環境は、その成立の歴史を反映し、固有の生物をはぐくむ特異な生態系を有していることが多い。しかし同時にその環境は非常に繊細で、そこに住む生物はちょっとしたことでいとも簡単に絶滅してしまう。たとえば、西暦一六〇〇年以降に絶滅した鳥類は世界中で百二十六種いるそうだが、そのうちのじつに百十五種、九十パーセント以上は島に生息していた種であるという（Newton, 1998）。また、二十世紀の終わりごろに書かれた総説では、その時点で絶滅の危機に瀕していた千種あまりの鳥類のうち、四百二種（三十九パーセント）は島だけに住む鳥であると述べられている（Johnson and

Stattersfield, 1990)。そして、これが重要な点だが、絶滅や絶滅の危険の増大のほとんどすべてに、人間の活動が直接的、間接的に関わっているのだ。人間による環境の改変や外来生物の導入などはその最たるものであり、先に述べた島における鳥類の絶滅の大部分は、逃げ場のない島という環境で、人間がその生息地を過度に破壊したり、強力な外来の捕食者を放ってしまったりしたことに起因している。

残念ながら奄美大島も例外ではない。これから詳しく述べるオオトラツグミやわたしのもう一つの調査対象であるアマミヤマシギといった鳥類をはじめ、この地域に固有の生物の多くは「絶滅危惧種」でもある。絶滅危惧種とは文字通り絶滅が危惧される生物のことであるが、ここでは環境省の「レッドリスト」に掲載されている生物のうち、絶滅危惧ＩＡ類、同ＩＢ類、および同Ⅱ類にランクされたものを指してこう呼ぶことにする。レッドリストというのは、環境省が日本の生物の絶滅の危険性を評価しリストアップしたもので、分類群ごとに整理されている（レッドリストとよく似た言葉でしばしば混同されるものに「レッドデータブック」があるが、これは、ある時点でのレッドリストを冊子としてまとめ、個々の種の概要を解説したもののことだ）。生物にとっての絶滅の危険性の評価は、その生物自体の個体群の動態や生息環境の変化、またその生物を対象とした研究の進展具合などさまざまな要因によって変動するものである。そのため、レッドリストは何年かおきに見直しが行われる。最初のレッドリストは一九九一年に作成されたが、その後三度の見直しを経て、現在は第４次レッドリストが環境省のウェブサイトで公開されている。レッドデータブックについては最新版が二〇一四年に作成されている（環境省自然環境局野生生物課希少種保全推進室、二〇一四：図４・３）。

さて、一九九八年に公開された第２次レッドリストでは、オオトラツグミは絶滅危惧ＩＡ類、アマミヤマシギが絶滅危惧ＩＢ類となっていた。そのころ、これらの鳥類は絶滅の危険性がきわめて高かったのである。と

図4・3　2014年に発行された最新の環境省レッドデータブック．全9巻で，動物が1巻から7巻，植物が8巻と9巻．鳥類は第2巻

ころが、二〇〇六年に改訂された第3次以降のレッドリストや最新のレッドデータブックを見ると、オオトラツグミとアマミヤマシギはともに絶滅危惧Ⅱ類として掲載されている。これは、以前に比べると絶滅の危険性が幾分減ったことを意味する。ではなぜこれらの生物は絶滅の危機に瀕していたのだろう。その危険性が減った理由はなんだろうか。そして、生物の絶滅を回避するためにわたしたちはなにをすべきなのだろうか、そもそも絶滅はなぜ回避しなくてはならないのか。こういった疑問は本書の主要なテーマと関わってくるので、おいおい考えていくことにしよう。

奄美大島の自然

北緯二十八度付近に位置する奄美大島は亜熱帯性気候に区分され、年間の降水量が二千八百ミリメートルを超える温暖で湿潤な地域である。東京の年間降水量は千五百ミリメートル強、北海道の札幌は千百ミリメートル強

図4・4　広葉樹林に覆われた奄美大島の森林．起伏が多く，雨の降る日は谷間に霧が立ち込める

なので、奄美大島では東京の二倍近く、札幌の二・五倍以上の雨が降っていることになる。地形は平地が少なく起伏に富んでおり、島全体がスダジイ *Castanopsis sieboldii* やイジュといった木々の優占する常緑広葉樹林に覆われている（図4・4）。島の最高峰は標高六百九十四・四メートルの湯湾岳。それほど高くはないが、湿度の高い頂上付近には低緯度地域の雲霧林のような雰囲気の森が広がっている。山々の間にはいたるところに水量の豊富な沢があり、見応えのある大きな滝も人知れず存在している。「亜熱帯なんだから温暖で湿潤なのは当たり前、森くらいあって当然」と思うのは大きな間違いだ。それは地球儀をぐるっと回してみればよくわかる。奄美大島と同じ北緯二十八度付近には、ざっと挙げてみても、パキスタン、サウジアラビア、エジプト、モロッコ、メキシコなど、いかにも乾燥したイメージの国々が並んでいる。奄美大島のように亜熱帯に位置しながら温暖湿潤で森林が発達した島というのは、じつは他の地域ではあまり見

図4･5　2010年10月に発生した豪雨による被害．島内の数多くの場所で崖崩れが発生し，道路が寸断された

られないのだ。

　奄美大島に移り住んで印象的だったのは、なんといっても雨の多さである。朝から調査に行く気満々でいたのに雨でやむなく中止になることは多いし、ゴールデンウィークが終わって間もない五月半ばに梅雨入りが宣言されたのには驚いた。五月半ばといえば、これまで住んでいた本州では一年の中でもっとも天候がよくて気持ちのよい季節だったのに。また、夏から秋にかけてやってくる台風も数が多く、雨風も強くてしばしば停電を伴う。台風や大雨の後では、崖崩れで道路が寸断されることもある（図４・５）。冬は冬で、北風の強い小雨がぱらつくどんよりした天候が多い。こうして一年を通して天気のよくない日が多いため、奄美大島はじつは日照時間が全国でもっとも短い地域の一つとなっている。明るい南の島をイメージしていたのに、この天候の悪さは予想外だった。

　予想外といえば、夏の暑さも予想外であった。しかしこれはどちらかというとありがたい予想外である。

暑さは覚悟していたし、実際、日中の日差しはたいへんきついのだが、風の通る木陰などに入ればその暑さは耐え難いほどではない。夜も、六月半ばから七月にかけては蒸し暑くて寝苦しく、南の島に来たことを痛感したものだが、八月の声を聞くととたんに暑さは和らぎ、お盆を過ぎるころになると窓を開けたまま寝ていると少し肌寒く感じるほど気温が下がるのだ。生まれ育った京都は盆地であるため夏の蒸し暑さは九月になっても続くのに、奄美大島の夏はなんと過ごしやすいのだろう。亜熱帯の奄美大島の方が京都よりも暑くないなんて思ってもみなかった（もっとも、熱帯であるタイやマダガスカルでさえ夏の京都に比べればましだったから、京都の暑さの方が尋常ではないのだろう）。もちろん冬も本州に比べればはるかに温暖である。とはいえ人間の体は勝手なもので、慣れてしまうと奄美大島の冬もそれなりに寒く感じられるようになる。北風が強いせいで体感温度が低く、南の島にいるとは思えないほど寒さを感じるが、それでも平均気温は東京と比べても十度近くも高いので、この程度で寒い寒いと言っていると、もっと寒い地域の人に怒られるかもしれない。

ともかく、この湿潤さと温暖さこそが、亜熱帯の常緑広葉樹林をはぐくみ、固有種を含む多様な生物が生息、生育することを可能にしている要因なのである。

希少種の保護増殖事業

このように特異な自然環境を有する奄美大島に生息する絶滅危惧種のうち、オオトラツグミ、アマミヤマシギ、アマミノクロウサギの三種はとくに絶滅の危険が高いとされ、「保護増殖事業」の対象となっている（口絵1～3）。保護増殖事業とは、「絶滅のおそれのある野生動植物の種の保存に関する法律（種の保存法）」で

「国内希少野生動植物種」に指定されている種の中で、とくに保護の重要性が高いものについて環境省が行っている事業のことである。奄美大島において保護増殖事業を実施しているのが環境省奄美野生生物保護センターであり、わたしはここで、とくにオオトラツグミの保護増殖事業を担当する「自然保護専門員（アクティング・レンジャー）」という役職で雇われたのだ。

保護増殖事業という言葉からは、なにやら対象種を人工的に飼育繁殖させ、数を増やすようなイメージを受ける。確かに全国的に見れば、ヤンバルクイナやトキのように人工繁殖を試みたり、増えた個体を野外に再導入したりといった形の保護増殖事業も存在する。しかし奄美大島で行われているのはそうではなく、基本的な生態もわかっていないこれらの対象種について、野外における生態を調べることで保護のための方策を考えることが事業のおもな内容である。

わたしが奄美大島に移り住んでオオトラツグミの事業に携わり始めた二〇〇六年当時、この鳥の生態は断片的にしかわかっていなかった。巣はわずかに三例の観察記録があるだけで（Khan and Yamaguchi, 2000：高ら、二〇〇二）、生息地に関しても「常緑広葉樹林の奥深くにひっそりと生息している」というように、いわば逸話的に語られるのみであった。個体数については、二〇〇二年に発行されたレッドデータブックに「百つがい未満程度」という記述があるものの（環境省自然環境局野生生物課、二〇〇二）、それ以降増えているのか、それともさらに減っているのか、そういったことすらもわからず、ともかく実態のつかめない「幻の鳥」だったのである。

想像してほしい。もしだれかに「明日からある南の島に行って、そこに住む鳥（なんでもいいが、仮にミナミノシマツグミとでも名づけておこう）の保全を進めなさい」と命じられたとしたら、一体なにをすればよいだろう。ミナミノシマツグミの生態はまったくわかっていないし、観察記録さえほとんどない。幻のようなミナミノシマツグミを前に、きっと途方にくれてしまうに違いない。二〇〇六年に調査を始めたとき、わたしはまさに南の島で「幻の鳥」を相手に途方にくれる一研究者だったのである。

しかし、この奄美大島という南の島には強力な助っ人がいた。まずはNPO法人奄美野鳥の会である。奄美野鳥の会は地元の自然好き、鳥好きの集まりであるが、単に鳥を観察するだけでなく、観察から一歩進んでデータを収集する、つまり調査をするということを厭わない人たちが多い点が大きな特徴である。この会では、東京大学の石田 健さんの指導のもと、オオトラツグミの個体数がもっとも少なかったとされる一九九〇年代からすでにこの鳥のモニタリングを開始している。その調査については後で詳しく述べるが、ともかくオオトラツグミをはじめとする奄美大島の鳥類について、奄美野鳥の会ほど知識を持っている集団はいないのだ。そうであれば教えを請わない手はない。さっそく奄美野鳥の会に入会し、主要な会員に知己を得た。

助っ人は身内にもいた。奄美野生生物保護センターの自然保護官である阿部愼太郎さんは、奄美大島の自然に対する愛情が尋常ではなく深い人である。奄美大島の生態系に深刻な影響を与えているマングースの防除事業（コラム参照）は、阿部さんの奄美大島への愛情と情熱がなければ進まなかっただろう。奄美大島の自然保護に阿部さんの果たした役割はとてつもなく大きい。そんな人が上司であったので、なにかわからないことがあればすぐに相談することができた。また、わたしが着任した前年から奄美野生生物保護センターで自然保護官補佐（アクティブ・レンジャー）を務めていた永井弓子さんと迫田 拓さんには、野外調査をずいぶん助けてもらった。永井さんはカエル好き、迫田さんは陸生貝類好きで、ともに優れたナチュラリストであるため、いっしょに調査をするのはとても刺激的であった。いっしょに調査をしていて、迫田さんがある沢でアマミハ

図4・6　アマミハナサキガエルの幼生(オタマジャクシ)を発見した沢．アマミハナサキガエルは止水ではなく，このように岩がごろごろした沢の上流部で産卵する

ナサキガエル *Odorrana amamiensis*（口絵6）の幼生（オタマジャクシ）を発見したことがある（図4・6）。それまでアマミハナサキガエルの幼生は野外で確認されていなかったものだから、迫田さんと永井さんとわたしの連名で論文を書いたこともある（迫田ら、二〇〇七）。

国家公務員である自然保護官には異動があるし、非常勤の国家公務員である自然保護官補佐も永続的に勤務できる職ではないので、現在は阿部さん、永井さん、迫田さんは三名とも奄美野生生物保護センターにはいないが、奄美大島に来て最初にこれらの人たちといっしょに仕事ができたのはとても幸運であった。

このように内外から万全の支援を受け、いよいよオオトラツグミの調査を開始することになった。

コラム　外来生物マングースと奄美マングースバスターズ

一九八〇年代から二〇〇〇年代にかけて、奄美大島の自然にもっとも深刻な影響を与えていたのが外来生物であるフイリマングース *Herpestes auropunctatus*（以下マングース）である（図4・7）。マングースは、毒ヘビのハブ *Protobothrops flavoviridis* を減らすことを目的に一九七九年に沖縄から持ち込まれ、旧名瀬市（現奄美市名瀬）近郊のあかざき公園付近に放たれた。当初放たれたのは三十頭ほどだったというが、マングースたちは捕食者のいない奄美大島で爆発的に数を増やし、また分布も広げていった。二〇〇〇年には、その数は約五千四百頭から六千八百頭と推定されるまでになっていた（Fukasawa *et al.*, 2013）。マングースはあらゆる動物を捕食するが、とくに大きな被害を受けたのが、アマミノクロウサギやケナガネズミ *Diplothrix legata*（口絵5）、アマミトゲネズミ *Tokudaia osimensis* といった哺乳類やアマミヤマシギなどの鳥類、アマミイシカワガエル *Odorrana splendida* をはじめとする大型のカエル類などの固有種であった（Watari *et al.*, 2008）。それは、これらの固有種が食肉性哺乳類の生息していない島で進化を遂げてきたため、マングースの攻撃から身を守る術をまったく持っていないためだ。

マングースの生態系に対する影響について、一九八〇年代という早い時期から警鐘を鳴らし続けていたのが、奄美大島在住の写真家常田　守さん（環境ネットワーク奄美）や、当時は民間企業に勤めていた阿部愼太郎さんである。常田さんは、多くの島民がまだマングースを「ハブをやっつけてくる益獣」と見なしていたころからその危険性を新聞記事などで訴えていたし、阿部さんは奄美哺乳類研究会（通称あほ研）を結成して、その機関誌「チリモス」において、マングースの農業被害や生態系への悪影響について発信した。こうした自然を愛する有志による働きかけの結果、地元の自治体は一九九三年から有害鳥獣捕獲という名目でマングースの捕獲に乗り出した。二〇〇〇年になると環境庁（当時）と鹿児島県はより本格的な捕獲を開始した。この事業では、「マングース一頭捕獲につきいくら」と

図4・7　マングース捕獲用のかごわなで捕獲されたマングース

いう報奨金を出したことにより、捕獲に携わる人が増え、捕獲数も急増した。しかし報奨金制度には、マングースの獲りやすいところ（密度の高いところ）に捕獲が集中し、獲りにくいところ（分布の周辺部）に捕獲圧がかけられないこと、マングースの密度が低下し獲れにくくなるにつれて捕獲従事者の意欲が低下することなど、多くの問題点があった。報奨金は一頭二千二百円から五千円にまで引き上げられたが、報奨金制度による捕獲には限界があったのである。

　そこで、環境省に入省した阿部さんの尽力のもと、結成されたのが「奄美マングースバスターズ」だ。わたしが奄美大島に移り住む前年の二〇〇五年にできたこの組織のメンバーは、東京にある一般財団法人自然環境研究センターに雇用され、給料をもらってマングース捕獲に携わる「プロの捕獲集団」である。結成当時は十二名であったが、その後人数は増え、現在では四十二名を数えるまでになっている。奄美大島には現在三万個を超えるマングース捕獲用のわなが設置されており、バスターズのメンバーは毎日、それこそ晴れの日も風の日も、太陽の照りつける暑い夏の日も雨の降る寒い冬の日も、その点検作業を行っている。わなだって既製品ではない。より捕獲効率がよいわなをバスターズ自らが考案し、しかも在来のネズミ類や鳥類のような非標的種がかからないよう、改良に改良を重ねて作り出したものだ（図４・８ａ）。近年は、「マングース探索

図4･8　(a)マングースを効率よく捕獲し，しかも在来の動物がかからないような創意工夫がつまっているわなと，(b)マングース防除事業の切り札ともいわれるマングース探索犬とそのハンドラー．探索犬とハンドラーの写真は奄美マングースバスターズ提供

犬」がニュージーランドから導入され、探索犬とハンドラー（訓練士）が動的にマングースを探し回ることで、わなにかかりにくいマングースを捕まえるのに役立っている（図4・8b）。

このようにバスターズが不断の努力と創意工夫によって徹底的な捕獲圧をかけ続けた結果、マングースの数は現在では百頭前後と推定されるまでに減少している。このまま同様の捕獲圧をかけ続ければ、二〇二三年には九十パーセント以上の確率で根絶が達成できるという（Fukasawa *et al.*, 2013）。常田さんや阿部さんがマングースの危険性について警鐘を鳴らしてから三十余年の歳月を経て、奄美大島のマングース対策はここまで進展した。多くの人たちの熱意と努力が、この大きな島からマングースを根絶させるという前代未聞の取り組みを推し進めているのである。ただし、マングース防除事業には莫大な額の税金が投入されているということも忘れてはならない。安易に外来種を持ち込むことの代償はきわめて大きいことを、わたしたちはこのマングース防除事業から学ばなければならないだろう。

なお、奄美大島のマングース対策とバスターズの活躍については、後述する『奄美群島の自然史学　亜熱帯島嶼の生物多様性』という書籍に、自然環境研究センターの橋本琢磨さんと諸澤崇裕さん、国立環境研究所の深澤圭太さんが詳しく書かれている（橋本ら、二〇一六）。外来種問題に関心のある方にはぜひご一読をお勧めしたい。

保全の目標設定

奄美大島に来た当初から明確に考えていたわけではないが、調査を進めていくうちに、オオトラツグミの保全に向けて目標を設定する必要があると感じるようになった。もう一度、南の島のミナミノシマツグミに思いを馳せてみよう。ミナミノシマツグミの保全を進めなくてはならないとなった場合、一体なにから手をつければよいだろうか。一般的にすぐ思いつくのは、この鳥を捕まえてケージの中で繁殖させ、数を増やした上で野外に放すこと、すなわち飼育と人工繁殖、再導入であろう。確かにそれは手っ取り早い方法かもしれないが、しかしちょっと待ってほしい。飼育し人工繁殖させることは口で言うほど簡単な作業ではない。ミナミノシマツグミがどのようなところで生活し、なにを食べているかを知らなければ飼育はできないし、この鳥の繁殖のしかたがわからなければ人工繁殖のやりようもない。そもそも人工繁殖を考える前に、まずはそれが必要なほど生息状況が危機的なものなのか査定をする必要がある。さらには、生息に悪影響を及ぼしている要因があるなら、それはなんなのかを具体的に特定することも重要である。つまり、最初に調べるべきは、ミナミノシマツグミが島の中のどのような環境に生息しているのか、なにを食べているのか、どのような場所に巣を作り、繁殖のしかたはどのようなものなのか、そしてそもそもミナミノシマツグミは何羽くらいいて、それが増えているのか減っているのか、そして減っているならその要因はなんなのか、といったことなのだ。言い換えれば、ミナミノシマツグミの野外での生態と生息状況をきちんと把握することこそが、保全を進めるためには重要ということになる。

そこで、ミナミノシマツグミをオオトラツグミに置き換え、同様の目標を設定することにした。すなわち、オオトラツグミが奄美大島のどこに生息しているのかをまず調べ、同時に営巣環境や雛に与える食べ物など繁殖生態全般を調べることで、繁殖に必要な資源を把握する。さらに島内にどれくらいの個体がいるのかを推定し、個体群の増減をモニタリングする。そういったことをきちんと知ることができれば、オオトラツグミの保全に対してなにかしらの提言ができるかもしれない。そう考えたのだ。

オオトラツグミの島内での生息状況や個体数の増減の把握は、奄美野鳥の会が長年行っている調査があるから、今後これをいっしょに行っていけばよい。島内に最低でも何羽生息しているかは、この調査からすぐにわかるだろう。そのデータに基づけば、個体数の推定も可能になるかもしれない。一方、繁殖生態を調べること、これは奄美大島に来るまでサンコウチョウ属の調査で行ってきたことで、わたしの専門であるといってよい。オオトラツグミの巣の発見例はまだ少ないが、かならず存在するのだから頑張って探せば見つけられるはずだ。見つけた巣のある場所の環境を調べ、また巣における親の行動を観察すれば、繁殖に必要な資源を知ることができる。つまり、モニタリングのように多くの人手が必要で、しかも経年的な観察が重要となる調査については奄美野鳥の会が主体となる事業に参加することで進め、繁殖生態の解明のように一人でもできてかつ専門的な知識や経験が必要なものはわたし個人の調査で進めていくという、二つの方向性を定めたのである。ただし、注意しなくてはならないのは奄美野鳥の会が収集したデータの取り扱いについてだ。奄美野鳥の会のデータをさも自分が取りましたといわんばかりに発表するのは厳に慎まなければならない。わたしが一方的に奄美野鳥の会に寄生するのではなく、お互いにとって利益となるやり方を求める必要がある。このことは肝に銘じて、調査を進めることにした。

オオトラツグミとは

オオトラツグミの調査の話に入る前に、ここでオオトラツグミの分類学的な位置づけについてわかっていることを整理しておこう。

オオトラツグミ *Zoothera dauma major* はスズメ目ヒタキ科に属する「トラツグミ」という鳥の一亜種である。亜種というのは、別の種というほどではないけれど、地理的な分布が異なっていて形態もほんの少し違っている、そういう集団のことをいう。種としてのトラツグミ（混乱を避けるためここでは「種トラツグミ」と呼ぶことにしよう）は、ロシア西部から東はオホーツク海沿岸まで、南はインド、スリランカ、東南アジアにまで分布している。後述するが日本国内にも三亜種が生息する。オオトラツグミはこの種トラツグミの亜種の一つであり、じつに奄美大島だけに住んでいるとても珍しい鳥なのだ。

ただし、この種トラツグミの亜種の分け方についてはまだ確実に定まっているわけではなく、オオトラツグミを独立した種であると考える人もいる。国際自然保護連合（ＩＵＣＮ）によるレッドリストでは、今でこそ種トラツグミの一亜種として扱われているものの、かつては独立種とされていたし、国際鳥類学会議による世界の鳥類目録（Gill and Donsker, 2015）では今も一つの種として扱われている。ずばり "Thrushes" というタイトル（ツグミ類という意味）の世界のツグミ類を網羅した図鑑でも、オオトラツグミは独立種となっている（Clement and Hathway, 2000）。分類についてはユーラシア大陸に生息する亜種も含めた再検討が必要であるが、本書ではとりあえず『日本鳥類目録改訂第7版』（日本鳥学会、二〇一二）に従って、オオトラツグミを種トラツグミの一亜種として扱うことにする。

一亜種ではあるけれど、その扱いは種なみに丁重だ。文化財保護法によりこの鳥は国の天然記念物に指定されているし、環境省レッドデータブックでは絶滅危惧Ⅱ類として掲載されており（環境省自然環境局野生生物課希少種保全推進室、二〇一四）、種の保存法で「国内希少野生動植物種」に指定されて保護増殖事業の対象となっているのはすでに述べた通りである。レッドデータブックや種の保存法では、たとえ亜種であっても絶滅の危険があれば絶滅危惧「種」として扱い、希少であれば国内希少野生動植物「種」として扱っているのだ。一般に亜種は種よりも保全対象として軽視されがちであるが、そんな中でオオトラツグミを絶滅危惧種、国内希少野生動植物種として扱うのは高い見識であるといってよいだろう。

まったくもって余談であるが、「天然記念物」とはなんと覚えやすく親しみやすい語であろう。これに対し、「国内希少野生動植物種」の方はなんだか硬くてお世辞にも覚えやすいとはいえない。実際、国内希少野生動植物種という語を知っている人は、天然記念物という語を知っている人に比べればはるかに少ないに違いない。もちろんこれらはまったく別のものなので（天然記念物は文化財保護法、国内希少野生動植物種は種の保存法により指定される）、どちらが覚えやすいかを比較するのは無意味なことではあるけれど、それにしても天然記念物という名称を考え出した昔の人の言語感覚はすばらしいと思う。国内希少野生動植物種を考えた人の言語感覚をけなしているわけではない。これはこれでその意味するところをあますところなく伝えるしごく正しい名称だと思う。しかし日本語としての美しさ、親しみやすさという観点からは、環境省の施設で働くわたしとしてははなはだ残念ではあるが、やはり天然記念物の方に軍配を上げねばならない。

そんな余談はさておき、とにかくオオトラツグミは天然記念物にも国内希少野生動植物種にも指定されていることから、とても珍しくてかつ絶滅の危険があるため、保護の重要性のたいへん高い鳥であるということがうかがい知れるだろう。

表4・1　日本に生息する種トラツグミの3亜種の計測値の比較．トラツグミとコトラツグミの計測値はNishiumi and Morioka (2009) による．オオトラツグミは筆者による計測（尾羽の長さと体重はN＝35，くちばしの長さはN＝18）．長さの単位はmm，体重はg

	トラツグミ (N＝16)	オオトラツグミ (N＝37)	コトラツグミ (N＝2)
翼の長さ	155.0	164.5	145.1
尾羽の長さ	95.1	120.3	93.0
ふしょの長さ	32.9	42.8	34.5
くちばしの長さ	25.5	28.0	24.8
体重	−	190.9	−

オオトラツグミの仲間とその鳴き声

種トラツグミには日本国内に三つの亜種がいるとされている。北海道から九州まで分布する *Z. d. aurea*（この亜種のことをここでは単に「トラツグミ」と呼ぶことにする）、本書の主人公である奄美大島のオオトラツグミ、そして沖縄の西表島だけに住んでいるというコトラツグミ *Z. d. iriomotensis* だ。トラツグミは北海道で夏鳥、本州以南では留鳥、オオトラツグミは奄美大島の留鳥、コトラツグミは西表島の留鳥である。色彩は三亜種とも似通っており、全体的に黄褐色で羽毛の先端に黒いうろこ状の斑が見られる。お腹は白地に黒い三日月状の模様があるのが特徴的だ。いずれも雌雄の色彩や形態には違いがなく、サンコウチョウ属のような性的二型は見られない。亜種名が示す通り、形態はオオトラツグミがもっとも大きく、トラツグミが中くらいで、コトラツグミがもっとも小さい。しかし、たとえば翼の長さで比べると、トラツグミが十五・五センチメートルくらい、オオトラツグミとコトラツグミはそれよりそれぞれ一センチメートルずつ大きいか小さいか程度の違いなので、見た目の大きさが顕著に異なっているわけではない（表4・1）。

トラツグミはけっして珍しい鳥ではないが、かといってスズメやツバメのように身近な鳥でもないので、見たことのある人は多くはないだろう（図

図4・9　窓ガラスに衝突して飛べなくなったトラツグミ．じつは奄美大島には冬になるとこの亜種トラツグミが冬鳥として渡ってくる．したがって，冬の間はオオトラツグミとトラツグミの2亜種が同所的に生息することになる．トラツグミは人里に近い平地にも住むので，このように窓ガラスに衝突することがあるが，オオトラツグミは森林に住むため窓ガラスに衝突することはまずない

4・9）。トラツグミという名前自体、知っている人も少ないかもしれない。しかしトラツグミを知らない人でも「ぬえ」という名前は聞いたことがあるのではないだろうか。「ぬえ」とは、平安の昔から恐れられていた化け物のことである。ある年代以上の人なら、「悪霊島、ぬえの鳴く夜は恐ろしい」というキャッチコピーに聞き覚えがあるだろう。これは金田一耕助が活躍する映画「悪霊島」の宣伝文句だが、この「ぬえ」の正体が、じつはトラツグミなのである。トラツグミは夜に「ヒョー」という単調な声で繰り返し鳴く。この声が薄気味悪く聞こえるため、平安時代の人はこの声の主が「ぬえ」であると考えたのだ。

一方、そんな単調な鳴き方のトラツグミとは対照的に、我らがオオトラツグミは抑揚に富んだ非常に美しい声でさえずることが知られている。そのさえずりは、「世界でいちばん美しい声」と称されることもあるほどだ。わたしは世界中の鳥の声を聞き比べたことがないため「世界でいちばん」かどうかの判断はできない。しかし、夜明け前のまだ薄暗い森に響き渡るその歌声は「幽玄」と評してもよいほどに美しく、聞いている者をなんだか不思議な気分にさせる。「世界でいちばん」かどうかはさておき、他の鳥のさえずりには感じられない独特の雰囲気を持っていることは確かだろう。

一般に動物の鳴き声を文字で書き表すのは困難であり、オオトラツグミのこの美しいさえずりも文字にするのはほとんど不可能であるが、あえて挑戦してみれば、「ツィー、キョローン、キュルンツィー、キョロロン」といった感じになる。もっとも、これでもあまりに安っぽく、本物の声の百分の一もその美しさを表現できてはいないだろう。この程度でしか表現できないのはオオトラツグミにたいへん申し訳ない気分である。最近はインターネットで鳥の声を聞くことのできるサイトがあるので、ぜひ探して実際に聞いてみてほしい。ただし、パソコンの中から聞こえてくるものと現地で実際に耳にするものとでは、同じ鳥の声でも雰囲気には大きな違いがある。とくにオオトラツグミのさえずりは、薄暗い早朝の森で聞くことこそがその美しさが際立たせているので、「世界でいちばん美しい」かどうかを確かめたい人は、ぜひ奄美大島を訪れて本物を聞いてほしい。

オオトラツグミはこれ以外に「チー」というとても高い声で鳴くこともある。これは警戒声だ。その声は同じ奄美大島に住むアマミヤマシギの幼鳥やアカヒゲ *Luscinia komadori* などが出す警戒声に似るが、それらの鳥よりも弱く繊細である。あまりに弱く繊細であるため、一声聞いただけではどこで鳴いているのか方向が特定できない場合がしばしばある。また、「ゲーッ」とか「グワッ」というカエルのような声も出すこともある。あるとき、林道を歩いていて、たまたま林道脇の斜面を登ってきたオオトラツグミと鉢合わせしたことがある。そのオオトラツグミは一瞬固まり、潤んだ目を見開いてこちらを見た後、「ゲーッ」と鳴いて逃げていってしまった。人の顔を見て「ゲーッ」というのも失礼な話だが、これは驚いたときに出す声なのだろう。不用意に巣に近づいてしまったときにも、巣から飛び出した個体が同様の声で鳴いたことがあるので、危険を感じたときに出す声とも考えられる。

ところで、種トラツグミは日本国内に三亜種がいるということを覚えている人は、じゃあコトラツグミの鳴き声は？ と疑問に思うかもしれない。その疑問はもっともだ。けれど答えることはできない。なぜならコトラツグミがどんな声で鳴くのか、いままで確認した人はいないからだ。トラツグミのような不気味なタイプだろうか、それともオオトラツグミのように美しいタイプだろうか。非常に気になるが、コトラツグミについては後ほどまた言及することにして、ここではその名前だけ記憶にとどめておいてもらいたい。

オオトラツグミの営巣環境

ではまずオオトラツグミの繁殖生態の解明から、調査の話を始めよう。第1章でも述べた通り、鳥の巣というものはそこに住むための「家」ではなく、ほとんどの場合、子育てをするためだけの場である。子育ても一年中続くわけではなくて、ある決まった期間のみ、多くは春に行われる。したがって、オオトラツグミの繁殖生態を解明するためには、この鳥の繁殖期に巣を発見する必要がある。

先にも述べたが、わたしが奄美大島に来たころ、オオトラツグミの巣はまだ三つしか見つかっていなかった。このうちの二つについて、子育ての様子をビデオカメラに収め、観察して論文にまとめたのが、当時奄美野鳥の会の会長であった高　美喜男さんである（高ら、二〇〇二）。高さんは奄美大島生まれ、生粋の島人（シマッチュ）で、奄美野鳥の会の会長を務めるとともに、奄美ネイチャーセンターという観光案内の会社でネイチャーガイドをしている。島の自然に対する知識は抜群に豊富で、一年三百六十五日、野外に出ない日はないという偉大なナチュラリストだ。

これまでに見つかっている三つの巣のうちの残る一つは、パキスタンの鳥類研究者、アリーム・カーン（Aleem Khan）さんが発見した。アリームさんは、奄美大島で鳥の調査をしているとき、たまたまオオトラツグミの巣を発見し、当時森林総合研究所に在籍していた山口恭弘さん（現中央農業研究センター）とともにそれを観察して論文を発表した（Khan and Yamaguchi, 2000）。じつは、これが他の二つの巣よりも先、つまり世界で最初に発見されたオオトラツグミの巣ということになる。この鳥の巣を初めて見つけたのは、なんと日本人ではなく、奄美大島とは縁遠いパキスタンの人なのである。

四月早々に、これら三つの巣のあった場所を高さんに案内してもらった。アリームさんや高さんの論文によると、巣は大量のコケを丸くおわん状にまとめたもので、木の枝の股や岩棚などに作られるらしい。もちろん三つの巣は見つかってから数年が経過しているため、案内してもらったときには残骸すら残っていなかった。しかし、どのような環境に営巣するのかを知るためには、実際に巣があった場所を教えてもらうことがなにより重要だ。

一つ目、アリームさんが発見した巣の場所は、奄美大島の中部を流れる住用川の中流域である。巣はフカノキ *Schefflera octophylla* の太い枝の上、地上から約十一メートルと高い位置に作られていたそうだが、林道がその斜面の上を通っているため、その林道から見ると巣は目線の高さに近かったらしい。周囲は太い木も多くて、なるほどなかなか雰囲気のある森だ（図4・10）。

図4・10　オオトラツグミの巣が初めて確認された住用川中流域の森林．着生シダのシマオオタニワタリも見られる壮齢林だ

二つ目の巣は高さん自身が発見したもので、場所は奄美大島の最高峰である湯湾岳の山頂に程近い南側斜面である。高さんが定期的に巡視を行っている山道の横の岩棚に巣があったそうだ。山道の本当にすぐ脇で、のぞき込めば巣の中が見えるほどの高さである。この辺りも、林齢が高く周囲には太い木がたくさん見られる、奄美大島でもっとも自然が豊かに残る地域の一つである。

そして三つ目は、奄美大島の南部、油井岳（標高四百八十二・八メートル）の近くで、藤本勝典さんが発見した巣である。藤本さんは当時林野庁の名瀬森林管理署に勤めていた方で、奄美大島の木本植物に関する知識量でこの人の右に出る人はいないのではないかと評されるほど植物に造詣の深い方だ。藤本さんは、趣味である冬虫夏草の探索の最中にこの巣を見つけたそうだ。巣はゆるやかな谷筋の斜面にあるツゲモチ *Ilex goshiensis* の枝の股に作られていた。周囲は比較的明るい感じのする森であるが、やはり林齢は高く太い木の多い環境である。

さらにもう一つ、論文では報告されていないが過去に見つかっている巣があることがわかった。それは、奄美マングースバスターズの一員で、マングースを捕獲するため日々奄美大島の森を歩いている山下　亮さんが発見したものだ。二〇〇五年の夏ごろに、山下さんは森の中で鳥の巣らしきものを見つけ、珍しく思って写真に収めていた。オオトラツグミの巣ではないかというのでその写真を見せてもらうと、確かに大きさや材質は文献に書かれたオオトラツグミの巣の特徴と合致している。山下さんはその後も何度かそこを通ったそうだが、巣は台風のせいで落ちてなくなってしまったという。それでももちろんかまわないので案内してもらうことにした。場所は大和村、奄美大島中部の太平洋側に注ぐ川内川の上流部で、小さくゆるやかな沢の横の斜面である。斜面から沢に向かって斜めに生えているヤマモモ *Morella rubra* の木の枝の股に巣はあったそうだ。斜面の上に山下さんらバスターズが使う山道があって、住用川中流域の巣と同じく、この巣もその山道から見るとちょうど目線の高さにあたる。周囲は一度伐採を受けた後に回復した森林であるためか、幹の細い木が多く、明るくてやや乾燥した感じがする。この巣の周りの環境は、先の三例とは少し様子を異にしていた。

とはいえ、高さんに案内してもらった三つの営巣場所は、いずれも常緑広葉樹の茂る林齢の高い森であり、奄美大島の中でもかなり〝質のよい〟森林であることが一目でわかる環境であった。そのため、それまで逸話的にいわれていたように、オオトラツグミはやはり壮齢の常緑広葉樹林に営巣するようだという第一印象を持った。その印象は確かに間違ってはいない。この鳥が壮齢の広葉樹林を好むのは、その後の調査でも明らかになった事実である。しかし、後になって気づいたことだが、じつはこれには大きな偏りがあった。少し考えてみればわかるが、山下さんのようにマングースを捕まえるため壮齢林かどうかに関係なく森に入る人とは違い、アリームさん、高さん、藤本さんらが好んで行く場所は、もともと奄美大島の中でもよい森が残っているところである。このため、たとえそこで巣が発見されたとしても、オオトラツグミが本当にその環境を選択して営巣しているのか、それとも人間が選択して訪れているからたまたまその環境で巣が見つかるだけなのか、区別ができないのだ。この時点ではその偏りに気づかず、その後しばらくはオオトラツグミの巣は壮齢林にあるものだという先入観をもって調査をすることになった。

巣を探す

結果的に先入観であったものの、オオトラツグミの巣が壮齢の広葉樹林で見つかっているのは事実だから、まずは奄美大島の地図をにらんで壮齢林のありそうなところに目星をつけ、そこに出かけては入念に歩いて巣を探索することにした。具体的には、住用川の中流域や湯湾岳の南麓、それから住用川の別の支流沿いの三太郎峠周辺、原生的な森林が残り観光地としても有名な金作原、さらには過去にオオトラツグミの幼鳥らしき個体が観察された記録のある小湊といった場所である（油井岳の周辺は職場から自動車で一時間半ほどもかかるため、それほど頻繁には行かなかった）。これらの地域を、永井さんや迫田さんとともに来る日も来る日も歩いて回った。

しかし、なにせ相手は「幻の鳥」である。過去の営巣場所を教えてもらったといってもわずか四例で、しかも巣の現物を目にしたことがあるわけではない。そのためどこをどのように探せばよいのか見当がつかず、探索は難航した。巣は木の枝の股や岩棚などしっかりした基盤のあるところに作られるようなので、そういう場

図4・11　オオトラツグミに営巣場所を提供しようと設置した“巣箱”．結局オオトラツグミは利用してくれなかった

所を人工的に用意してみようと思い、底辺と上面、および周囲四面のうちの二面に壁をつけた立方体の〃巣箱〃を作って森の中に置いてみたりもしたが（図4・11）、アカヒゲかなにかが枯葉を少しだけ運び込んだ巣箱が一つあっただけで、オオトラツグミが使ってくれそうな気配はなかった。

四月から調査を始め、五月に入っても巣は見つからない。マダガスカルサンコウチョウでは繁殖の最盛期には一日で六個とか七個とかの巣を発見していたが、個体数の多いマダガスカルサンコウチョウとは異なり、さすがに絶滅危惧種といわれるほど数の少ない鳥が相手だと、巣を探すのも容易ではない。今シーズンはもう見つけられないかな、となかば諦め気分になりかけたころ、ついに探し求めていた巣が見つかった。五月二十四日、その日は迫田さんと二人で湯湾岳南麓の森の中に入っており、二手に分かれて探索を行っていた。宇検村に注ぐ河内川の一支流を越え、ゆるやかな斜面を歩いていると、スダジイの木の三・五メートルほど

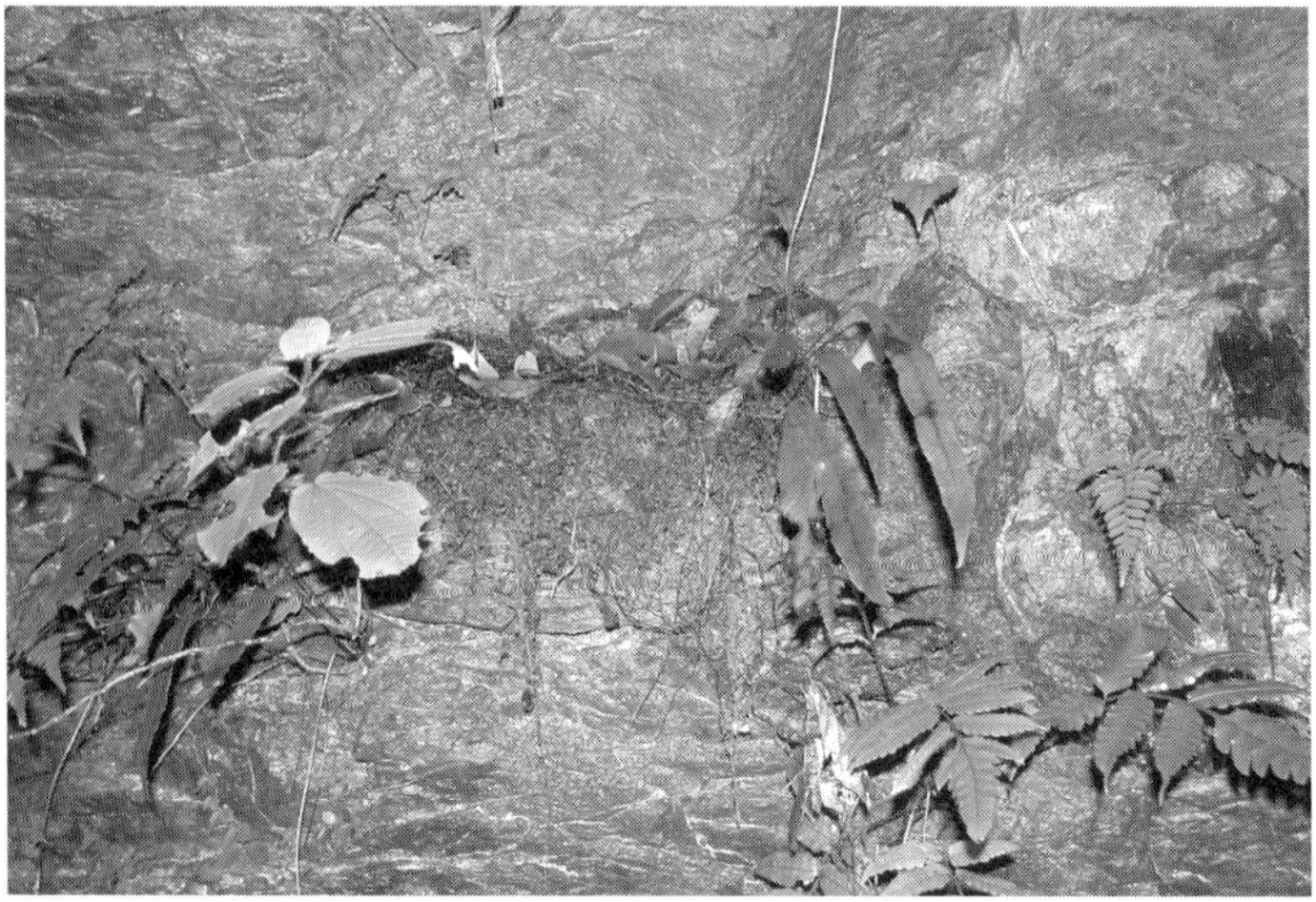

図4・12　小さな沢の横にある岩のくぼみに不自然に乗っているコケの塊．オオトラツグミの巣の痕跡だが，コケが枯れ形も崩れていることから，この年ではなく前年より前に使われたものと思われる

のところにある枝の股に、緑色のコケの大きなかたまりがあるのが突然目に飛び込んできた。初めて見る鳥の巣で、親は座っていなかったが、大きさも材質も作られている場所も、話に聞き文献で読んでいたオオトラツグミの巣そのものだ。急いで適当な木の棒を拾い、その先に鏡をつけて巣の中をのぞいてみた。卵や雛は入っていない。これから卵を産むのか、すでに雛が巣立ったか、それとも卵や雛が繁殖の途中で捕食にあったのか、その辺りはわからないが、ともかくオオトラツグミの巣に間違いない。離れたところを歩いていた迫田さんを呼び寄せ、「巣を見つけた」と告げたところ、迫田さんは見つかると思っていなかったのか、まさか、という感じでぽかんと口を開けて驚いていた。

その後、やはり湯湾岳南麓を永井さんと歩いていると、小さな沢の横にある木の枝に巣があるのを今度は永井さんが発見した。コケで作られたボリュームのあるかたまりは、最初の巣とそっくりである。よじ登って中をのぞくと、これも卵や雛は入っていなかった。

それからは数日おきにそれらの巣を確認に行ったが、卵が産みこまれることはついになかった。繁殖期の後半に発見したため、すでに雛が巣立った後か、あるいは捕食にあった後の巣だったのだろう。

さらに、過去に幼鳥らしき個体が見られた小湊の沢を歩いているときに、沢の横の岩のくぼみに不自然に乗っているコケのかたまりを発見した。コケは枯れており、量も少なくてぺしゃっとしているが、鳥の巣の痕跡であることは間違いない。大きさからすると他の鳥の巣とは考えにくく、これもオオトラツグミの巣と考えてよいだろう。ただし、巣材の古さやその形状から、先の二つとは違って今年作られたものではなく、昨年かそれより前の巣であることは明らかだった（図4・12）。

結局、この年に見つけられたのはこの三巣のみであった。いずれも使用済みの巣であったため、繁殖行動の観察を行うこともできなかった。一繁殖期に使用済みの巣が三つしか見つからないようでは、繁殖生態の解明など程遠い。聞きしに勝る「幻の鳥」ぶりである。とはいえ、別の角度から見れば、「幻の鳥」の巣を調査一年目で複数発見できたのは、まずは上出来ということもできる。少なくとも巣がどういうものであるかはわかったので、次の年につながる結果を残すことはできた。そう前向きに考えることにした。

オオトラツグミが好む環境は

次の年以降も毎年繁殖期になると黙々と巣を探した。そして、次第に抱卵中や育雛中の巣も見つかるようになり、巣での親の繁殖行動の観察もできるようになってきた。オオトラツグミの巣は、コケを集めて丸くおわん状にまとめたもので、直径が二十〜二十五センチメートルほど、厚さは十センチメートルもある大きなものである。調査を始めて数年間は、ともかく森の中を闇雲に歩き回ってこのコケのかたまりを探すという、どちらかというと力まかせ、運まかせの探索をしていたが、サンコウチョウの場合がそうであったように、観察を続けるうちにだんだんとコツのようなものがつかめてきた。希少種の巣の探し方のコツを堂々と発表するわけにもいかないので詳細は述べないが、とにかく自動車と目と耳と足をうまく使いながら探すと、闇雲に歩くよりも多少は見つけやすいことがわかってきたのだ。さらに重要なことは、この方法だと森林の様相に関係なく巣を探すことになるため、調査を始めたころのように壮齢林で選択的に探索するという偏りを取り除くことができる。こうして、ある程度効率よく、また偏りなく、巣を見つけることができるようになった。とはいっても、巣を探すのが困難な作業であることには変わりはない。一繁殖期に見つけられる巣の数は一桁台で、希少種のデータを定量的に収集することの難しさはつねに感じ続けている。それでも積み重ねは重要で、調査を始めてから九年間で、計六十九個の巣が発見されている。

では、これらの巣があった場所の環境を調べることで、オオトラツグミが好む営巣環境がどのようなものであるかを考えてみよう（Mizuta, 2014a）。まず営巣地点と、奄美大島の中で無作為に選んだ百か所の地点の間で植生と林齢を比較してみた。すると、植生では、営巣地点の方が明らかに常緑広葉樹林に偏っているという結果が得られた。ＧＩＳ（地理情報システム）上で純粋な「常緑広葉樹林」となっている地域の面積は、奄美大島全体のわずか四パーセントに過ぎない。ところが、解析に使用した四十九の巣のうち十二個、二十五パーセント近くはこの常緑広葉樹林に作られていた。なお、現地で一見すると立派な常緑広葉樹の森林であっても、ＧＩＳで調べると「常緑広葉樹二次林」に分類されている地域が非常に多い。それだけ過去の森林伐採は広範囲に及んでいたということだろう。また、林齢について見ると、営巣地点は無作為に選んだ地点に比べ高齢の森林であるということがわかった。オオトラツグミは、つまり、営巣場所として林齢の高い常緑広葉樹の森林を選好している、ということになる。調査の初期段階に「オオトラツグミの巣は壮齢林にあり」という先入観に基づいて探索し見つけた巣は解析対象から除外しているので、この傾向はまず正しいものと考えてよいだろう。

ただし、これはあくまでそういう傾向がある、という話で、オオトラツグミは林齢の高い常緑広葉樹林以外に営巣しない、ということを意味しているわけではない。いくつかの巣は、針葉樹であるリュウキュウマツ *Pinus luchuensis* の木に作られていることもあった。奄美マングースバスターズの後藤義仁さんが最初にそのような巣を見つけてきたときには衝撃を受けた。リュウキュウマツは奄美大島では伐採された後に常緑広葉樹に混じって生えていることが多いため、この木がある環境というのは、それほど遠い昔ではない時代に伐採されているということを示している。「常緑広葉樹林の奥深くでひっそりと繁殖している」というのが調査を始めたころのオオトラツグミのイメージであったから、リュウキュウマツの混じる二次林のような環境で巣が見つかったことは、このイメージを大きく覆す出来事だった。マングースを捕獲するため奄美大島の森をくまなく歩くバスターズがいなければ、このような環境にも営巣することはなかなかわからなかっただろう。

では、比較的林齢の高い常緑広葉樹の森林の中で、オオトラツグミはどんな場所に巣を作るのだろうか。これまでに見つかっている六十九の巣が作られていた場所を分類してみると、営巣場所としてもっとも多く選ばれていたのが木の枝の股で、木の太さはまちまちであるが、四十四巣（六十四パーセント）で使われていた。ついで、岩棚や崖のちょっとしたくぼみが九巣（十三パーセント）、折れた木の幹の上が七巣（十パーセント）、シマオオタニワタリ *Asplenium nidus* という着生シダの中が七巣（同）、変わったところでは太い木の幹にできた半樹洞のような割れ目に作られた巣が二巣（三パーセント）あった（図4・13）。高い崖の中腹、地上十

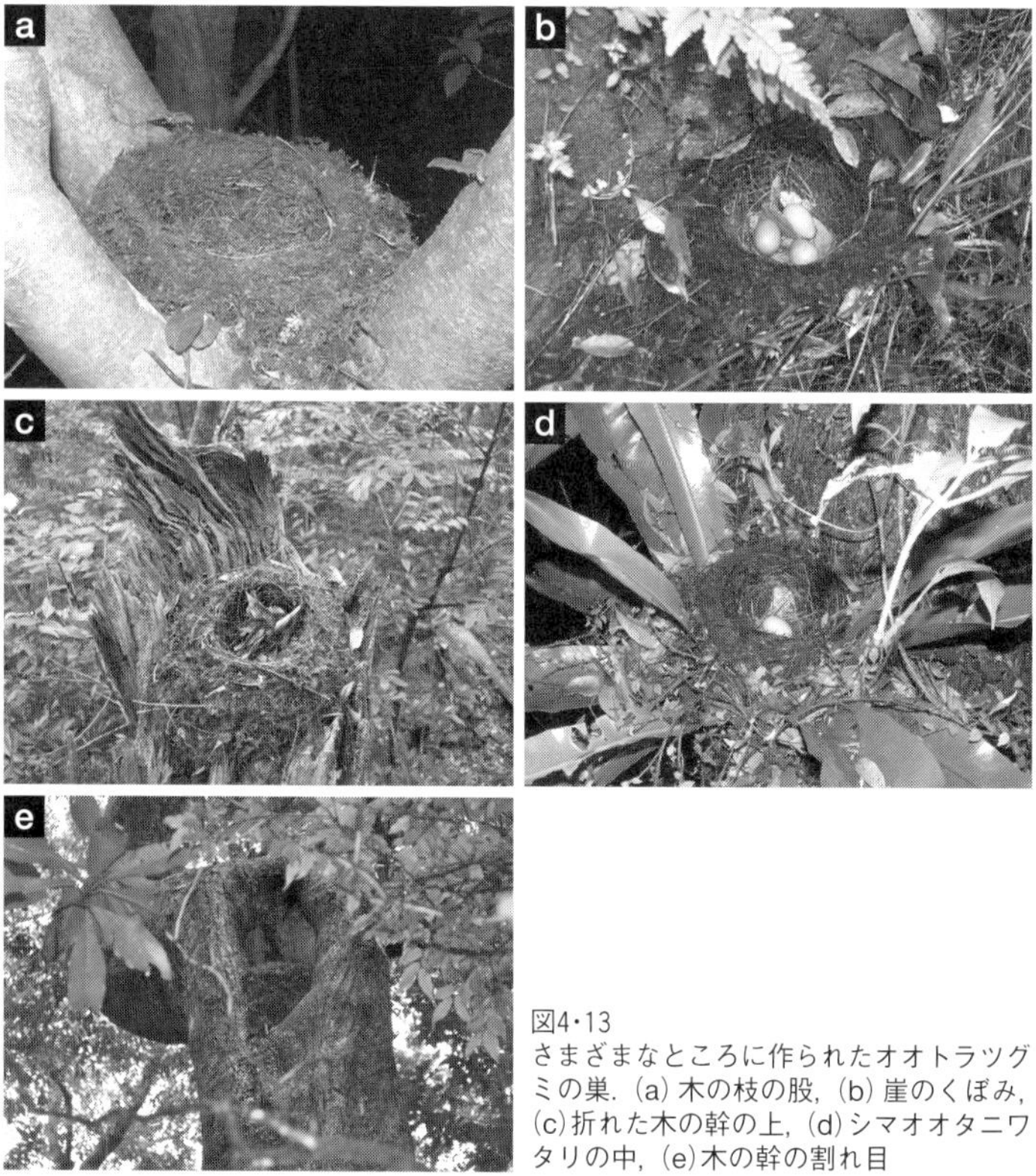

図4・13
さまざまなところに作られたオオトラツグミの巣. (a) 木の枝の股, (b) 崖のくぼみ, (c)折れた木の幹の上, (d)シマオオタニワタリの中, (e)木の幹の割れ目

一メートルほどのところに作られる場合もあれば、地上四十センチメートルにある枝の股といった、驚くほど低い場所に作られる場合もある。地上から巣の位置している場所までの高さの平均値は三・二メートル、中央値は二・七メートルであり、非常に高いところにある場合を除けば、巣は予想外に低い位置に作られていることがわかった。

シマオオタニワタリは東南アジアなどの熱帯雨林に分布しており、湿気の多い森林内の樹木や岩の上などに着生する。英名をbird's nest fern、ずばり〝鳥の巣のシダ〟というくらいだから、他の地域でもこのシダを営巣場所として利用する鳥は多いのかもしれない。奄美大島の森を歩いていると、シマオオタニワタリは林齢の高い森林ほど多く見られる。また、当然のことながらオオトラツグミのような比較的大きな鳥が営巣できる木というのは、それなりに幹の太い木であることが多く、そのような木が多くあるのは高齢の森林である。営巣場所に着目して考えれば、オオトラツグミが高齢の森林を営巣環境として選択するのは、巣を作りやすいシマオオタニワタリや幹の太い木が高齢林に多いからではないかと推測することができる（Mizuta, 2014a）。

オオトラツグミの子育て

続いてオオトラツグミの子育てのやり方を見てみよう。巣の近くにビデオカメラを設置して、巣での親の行動を録画することでそれを観察してみた（Mizuta, 2014a）。上述のような巣に、オオトラツグミは一日に一つずつ、全部で二個から三個の卵を産む。親は巣に座り込んでこの卵を温める。観察していると、巣を訪れる個体は二羽、そのうち抱卵するのは一方のみで、もう一方は抱卵せず、抱卵している個体に食べ物を運んでいた。鳥類の中には、サンコウチョウ属のようにオスとメスがともに抱卵をする種もいるが、抱卵の役割分担が決まっている種もおり、そういう鳥では抱卵するのは一般にメスである。オオトラツグミは性的二型がないため外見では雌雄の区別がつかないが、この一般的な傾向から考えて、抱卵している個体がメス、それに食べ物を運んでいる個体がオスであると見なしてよいだろう。さて、そのようにオスはメスに食べ物を運ぶのだが、その量はかならずしも十分というわけではなさそうで、メスはときおり空腹に耐えかねたように巣から飛び出すことがある。そんなときオスは、けっして抱卵はしないが、巣のふちに留まってメスが帰ってくるのをじっと待っている。したがって、抱卵期にはかならずどちらかの親が巣にいることになり、卵を残して両親とも巣から離れる時間はきわめて短い。抱卵期間は、今のところ一巣でしか観察できていないが、十五日間（初卵産卵から十六日目に孵化）であった。

雛が孵化すると親の仕事量が増えるのはサンコウチョウと同じだ。孵化したばかりの雛は羽毛の生えていない赤裸の状態だから、メスは引き続き雛を温める抱雛行動を行う。オスはこれまでどおりのメスの分に加えて、新たに雛の分も食べ物を運ばなくてはならない。オスは、しかしメスよりも雛に食べ物を与えたいようで、とくに孵化したばかりのころは、メスが口を開けて食べ物を受け取ろうとすると、お前じゃないんだよ、といわんばかりにメスの口を避けて雛にその食べ物を与えようとする。それでもメスがしつこくせがむと、もう、しょうがないなあ、という感じでメスに与えて次の食べ物を探しにいく。メスも自分が食べてしまうのは多少後ろめたいのか、雛に与えるそぶりをしたりするのだが、誘惑に負けたかのように結局自分で食べてしまうことも多い。しかし、雛が成長するにつれて餌の要求量は増すため、オスも給餌頻度を上げるしメスもオスが運んできたものを自分で食べたりしなくなる（口絵1）。メスが自前で食べ物を探すため巣外に出ることもあり、そんなときは抱卵期中と同じくオスが巣に留まっているが、やはり抱雛はけっして行わない。孵化後十日ほど経つと、オスの運ぶ食べ物の量だけでは足りなくなるのと、雛に羽毛が生えて保温性が増すためであろう、メスも巣から離れて雛のために食べ物を運び始める。しかしその頻度はオスに比べると低い。孵化から巣立ちまでは十四日から十六日程度要するが、巣立ちの前日くらいから、雛は巣の中で羽ばたきをしたりして活発に動き始める。そうなると、親は雛に食べ物を見せて巣立ちを促す。一つの巣に複数の雛がいても、その雛たちは同じ日のせいぜい数時間以内に次々と巣から離れ、親はそれらの雛に食べ物を見せて徐々に巣から離れた場所へと誘導していく。

このように、オオトラツグミはオス一羽とメス一羽が協力して子育てを行っている。つまり配偶様式は、これまで研究してきたサンコウチョウ属の鳥類と同じ「一夫一妻」であると考えられる。もちろん他の多くの鳥と同様にオスかメス、あるいは両方が浮気をしている可能性は否定できないが、両親がそろって協力しないことには繁殖はうまくいかないのであろう。

余談であるが、鳥の雛が卵の中から殻をつついて生まれ出ようとし、親鳥も外からそれを助けようとすることを「啐啄同時」というそうだ。悟りを啓こうとしている弟子に師が時機を見て教えを与えることを示す禅の言葉である。親鳥が雛の口に食べ物を運び、雛は口を大きく開けてその食べ物をくわえようとする様子を見ると、どうしてもこの言葉を連想してしまう。そしてさらに、「啐啄同時」ならぬ「給乞同時」という新作四文字熟語まで思いつく。親が餌を運ぶのと雛が大きく口を開けるタイミングがぴったりと合えば大きな食べ物でもすっと口に入るし、逆にタイミングがずれればうまく入らず見ていてもどかしい気分になる。そしてこの気持ちよさやもどかしさは、自分の子供が離乳食を食べるようになって追体験することになった。子供が口を開けるタイミングに合わせてスプーンを送り込むとうまく食べてくれるが、ちょっとずれると離乳食がこぼれて口の周りを汚してしまう。鳥の子育てにも人間の子育てと共通点があるものだなあと感じた瞬間であった。

オオトラツグミが一心不乱に子育てに取り組む様子を観察していると、鳥の親ってたいへんだとつくづく感心してしまう。寒かろうと雨が降ろうと、雛がいる限りメスは絶対に巣から離れないし（一例だけ、大雨の後に雛が巣の中で死んでいた事例はあるが）、オスも休む暇なくメスや雛のために食べ物を探している。オオトラツグミがこのような子育て行動をするのは、そういうふうに進化してきた結果なので（つまり一心不乱に子育てをしないと子を残せないから一心不乱に子育てをしない行動など進化し得ない）、当然といえば当然なのだが、それでもこの情熱がどこからわいてくるのか、観察しているととても不思議に思える。しかし、「給乞同時」と同じで、自分が子育てをするようになって、その情熱は少し共感できるようになった気もする。オオトラツグミが雛に対して、人間と同じように「愛情」と呼べるものを感じているのかどうか知りようはない。しかしそんな言葉でくくることはできないにせよ、子育てに対する情熱、一心不乱な感情のようなものは、たぶんオオトラツグミと共有できているようにも感じるのである。

雛の食べ物

ここまでオオトラツグミが雛に与える食べ物の内容について具体的に書いてこなかったが、雛はどんなものを食べているのだろう。親が雛に与える食べ物のメニューを知るため、これもビデオカメラの映像から調べてみた。十一の巣で二百十四時間を超える観察を行い、計五百八十一回の給餌を記録したところ、そのメニューは思いのほか単純であることがわかった。記録された給餌のうち四百五十三回、じつに七十八パーセントまではミミズだったのだ。ミミズ以外では、チョウやガの幼虫、ムカデの仲間などの節足動物がわずか十九回（三パーセント）観察されたに過ぎなかった。残る百九回（十九パーセント）は不明であったが、これらは親の動きが速すぎたり、食べ物が小さすぎたり、親の背中の影になって食べ物が見えなかったなどの理由で内容が判別できなかったもので、この中にも当然ミミズは含まれているはずである。そうなると、親が雛に運んでくる餌の九割ほどはミミズと考えてよさそうだ。オオトラツグミの繁殖は、じつに大きくミミズに依存していることが明らかとなったのだ（Mizuta, 2014a）。

　そうして親は雛のためにひたすらミミズを運んでくるが、では雛一羽が孵化してから巣立つまでに、一体何匹くらいのミミズが必要になるのだろうか。きっとすごい数に違いない。これを数えてみることにした。数えるといっても、孵化から巣立ちまで全日程を二十四時間ビデオカメラで撮影して調べることはできない。いやできなくはないだろうが、かなりの労力がかかる。そこで、先述の巣の観察にもとづいて計算をしてみた。限られた観察ではあるが、一時間当たりの給餌頻度と一度に運んでくるミミズの数を調べ、それに一日の活動時間をかけて、さらに孵化から巣立ちまでの日数（約十五日）をかけ合わせることで、ごく単純に算出してみたのである。雛が成長するにつれて当然食べる量は変わるので、雛の日齢による要求量の変化も考慮している。そうすると、雛一羽が無事に巣立つまで成長するには、じつに五百六十六匹ものミミズが必要であると推測された。巣にいる雛の数が三羽であれば、必要なミミズは単純に考えればその三倍、千六百九十八匹にもなる。もとよりこれは非常に簡略化した計算であり、給餌頻度に影響を与えている要素のすべてを考慮できているとはとうていいえないけれど、大雑把な推定としては大きく外れてはいないだろう。さらに、これは一つの巣での子育てに必要なミミズの数である。繁殖しているオオトラツグミがどれくらいいるのかについてはまた別に論じるが、すべてのオオトラツグミの繁殖巣において必要とされるミミズを考えると、もはや呆然としてしまうほどの量である。オオトラツグミにとってのミミズの重要性は想像をはるかに超えていた。

　ところで、親は一度に一匹から四匹程度のミミズをくちばしにくわえて巣に運んでくる（図４・14）。長いミミズを何匹もくちばしの両端にぶら下げて運んでくるさまは見事であるが、でもちょっと考えてみてほしい。オオトラツグミはミミズを足でつかんでくちばしに運ぶことはできない（そんなふうに器用に足を使える鳥は

図4・14　雛に給餌するために巣に戻ってきたオス．くちばしにミミズを少なくとも4匹くわえている．右で口を開けているのは抱雛中のメス

オウムなど限られた種類だけだ）。ミミズを捕まえるのに使える道具はあくまでくちばしだけである。それなのに、オオトラツグミはどうやって一度に何匹ものミミズをくわえることができるのだろう。考えてみるとこれは不思議である。この謎は、林道上でミミズを探しているオオトラツグミを見る機会があって明らかになった。オオトラツグミはまず一匹目のミミズを見つけてくちばしで捕まえる。それをくわえたまま引き続きミミズを探し、二匹目を見つけた時点で一匹目をいったん地面に置き、二匹目を捕まえると一匹目の横に置いて、今度は二匹同時にくわえる。これを繰り返すことで、一度に複数匹のミミズをくわえることができる、というわけだ。答えを知ればあっけないが、実際に見てみないことにはなかなかわからないものだ。ただし、ここにもまだ謎は潜んでいる。ミミズが地上に体をさらけ出していれば、きっと見つけるのは容易だろう。でもたいていの場合、ミミズは落ち葉の下や地面の中にいる。そんな隠れた場所にいるミミズを、

オオトラツグミはどうやって探し出しているのだろうか。観察していると、どうもやみくもに落ち葉をめくったり地面をつついたりしている感じではなく、ある程度当たりをつけてくちばしでつついているように見える。隠れたミミズを探知するなにか特殊な能力でも持っているのだろうか。これについてはまだ答えは明らかになっていない。だが、ミミズを探すオオトラツグミを見ていると、ときおり首をかしげて地面を凝視するような動作をすることがある。もしかしたら、ミミズが動くことで生じるかすかな音や土の振動を感じ取っているのかもしれない。オオトラツグミはどうやってミミズを探すのか。単純な疑問だが、こういった単純な疑問にも案外わかっていないことが多いのだ。そして、そういう疑問を突き詰めて考えると、その先には動物行動学上の新たな発見が待っているかもしれない。

親の食べ物

雛の食べ物は、巣の観察さえすれば明らかになる。しかし親がなにを食べているかとなると、これはほとんどわかっていない。上述のように地上でミミズを探す親の姿は観察されているし、巣で抱卵しているメスにオスがミミズを運んでやっているのだから、親もミミズを食べているのは確かである。問題は、雛のようにミミズに大きく依存しているのか、それとも他の食べ物もある程度食べているのか、ということだ。死体でもあれば胃内容物を調べることは可能であるが、幸か不幸かオオトラツグミの死体はなかなか手に入らない。個体を追跡して観察できればいちばんよいのだけれど、警戒心の強いオオトラツグミを追跡し採食の現場を観察するのはかなり困難である。そういう状況なので、わたしはオオトラツグミがミミズ以外のものを食べている現場

図4・15　(a)ハゼノキと(b)ホソバムクイヌビワの実．直径はいずれも5mmかそれより少し大きいくらい

を観察したことはないのだが、こういうときに頼りになるのが地元のナチュラリストである。長年この島の自然を見守り続けている常田守さんによると、この鳥がハゼノキ *Toxicodendron succedaneum* とホソバムクイヌビワ *Ficus ampelas* の実を食べているのを見たことがあるという(図4・15)。それがどの程度の頻度なのかということになるとよくわからないが、直接観察されているのだから、オオトラツグミがミミズのような動物だけでなく植物も食べているのは確かであろう。

動物の食べ物を調べるのにはもう一つ方法がある。それは「安定同位体比分析」と呼ばれる手法である。生物の体を作っている元素には、原子核内の中性子数が異なるため質量数の異なるものが存在しており、これを同位体と呼ぶ。安定同位体とは、長期間にわたってその構造が維持される同位体のことで、たとえば炭素では炭素12と炭素13、窒素であれば窒素14と窒素15という安定同位体が自然界に一定の比率で存在することが知られている。全体の比率は一定なのだが、面白いことに、生物の体を構成する元素の安定同位体の比率は種によって異なっていて、植物、植物食の動物、それを食べる動物食の動物、といった食物連鎖にしたがいその比率が変化していく。したがって、ある動物の体の一部分、鳥では羽毛でもよいが、これに含まれる安定同位体比を調べることによって、その種の食物連鎖における位置や、その個体が食べたものをある程度推測することができるのだ。この安定同位体比分析を、かつて自然環境研究センターに所属しマングース防除事業に関わっていた三谷奈保さん（現日本大学）がご専門にされているという話を学会で三谷さんにお会いしたときに聞いた。それならばぜひオオトラツグミの羽毛の分析をしてほしいとお願いしたところ、その翌年に三谷さんの研究室（動物生態環境学研究室）の学生である佐々木和音君が自身の卒業研究でやってくれることになった。佐々木君は奄美大島に来て繁殖期前のオオトラツグミの成鳥の羽毛やミミズなどを採取していき、またわたしがハゼノキやホソバムクイヌビワの実がなるころに採取して送った。それらの試料を佐々木君と三谷さんが分析した結果、オオトラツグミ成鳥の羽毛の炭素・窒素安定同位体比の値は、ミミズと植物の実の値の中間程度に位置していることが明らかになった。つまり、常田さんの観察の通り、オオトラツグミの成鳥は、少なくとも繁殖期前に持っている羽毛が生える時期、前年の夏以降と思われるが、その時期には、ミミズのような動物だけでなく、植物も食べていることが示唆されたのである（佐々木、二〇一四）。当たり前の結果といってしまえばそうかもしれないが、佐々木君のこの卒業論文は、ナチュラリストの観察の信頼性を科学的な分析が裏づけた貴重な研究であったとわたしは思っている。

オオトラツグミの繁殖期

鳥が子育てをする時期、つまり繁殖期は、先にも述べたように一年中続くわけではない。多くの鳥では繁殖期が決まっており、それはたいてい春である。アリームさんや高さんがオオトラツグミの巣を観察したのは四月後半から五月後半だったことから、この鳥の繁殖期も春だと考えられるが、もう少し正確に、いつごろからいつごろまでがオオトラツグミの繁殖期なのだろうか。

毎年毎年巣を探してその観察を続けることで、その時期がだいたいわかってきた。わたし自身がこれまでに観察した中でもっとも早く繁殖していたのは二〇一五年に発見した巣で、四月十六日に雛が巣立っていた。産卵から孵化を経て巣立ちに至るまで約三十日かかることを考えると、この巣では三月半ばごろに産卵が始まったと推測される。巣を作る期間を含めれば、この巣で子育てをした親は、三月上旬からその準備を始めていたことになる。一方、もっとも遅い繁殖は二〇一二年に発見した巣で、雛の巣立ちを確認したのは六月二十五日だった。産卵開始は一か月ほど前、五月下旬だったと考えられる。もっとも、この巣のように巣立ちが六月まででずれ込むことは非常にまれで、多くの場合、五月下旬には繁殖は終息する。繁殖の途中で卵や雛が捕食されるなどして失敗してしまうと親は繁殖を一から（すなわち巣作りから）やり直すので、この巣の場合は五月の中旬ごろに一度繁殖に失敗し、それからやり直しを試みたものだろう。このように、巣の観察を毎年続けることで、オオトラツグミの繁殖期は三月から長く見積もって六月、通常は五月いっぱいくらいまでの間であるということが明らかになった（追記。この原稿の最終確認をしている二〇一六年七月、奄美マングースバスターズの小野芳広さんからとんでもない情報が寄せられた。なんと七月十二日に、雛がまだ入っている巣を発見したというのだ。小野さんが撮影された写真を見せてもらったが、間違いなくオオトラツグミだ。その日か翌日にでも巣立ちそうな雛が三羽写っている。これまで確認されているもっとも遅かった巣立ちより、さらに二週間以上遅いということになる。七月まで繁殖している個体も少数ながらいるということだ。いやはや、マングースバスターズは、わたしがわかったつもりになっていたことを覆す発見を次々としてくれる）。

希少鳥類の繁殖期を知ることは、単に学問上の関心だけでなく、保全を考える上でも重要である。たとえば、あるとき以下のような印象的な出来事があった。二〇一三年の四月、湯湾岳の近くのあまり自動車の通らない林道脇で、オオトラツグミの巣を一つ発見した。発見時、巣には卵が三つ入っていて、親が温めていた。しばらくの間、定期的にその場所を訪れて観察を続けていたが、運の悪いことに、巣から程近い林道に崖崩れの跡があって、抱卵の続いている時期にその修復工事が始まってしまった。ショベルカーやダンプカーが連日大きな音をたてて働いていたため、これはどうなるのかなと心配していたら、案の定、あるときから親が卵を残したまま巣に戻らなくなってしまった。通常、親が卵の入っている巣から離れることはほとんどない。メスが巣外に出るときでも、オスが巣のふちに留まって警戒しているのがつねである。因果関係はかならずしもはっきりしているわけではないが、状況から考えて、車両や人の往来に耐えかねた親が巣を放棄したと見なしてまず間違いないだろう。工事開始がもう半月も遅ければ放棄することもなかったかもしれないと考えると、しかたがないとはいえ残念なことだった。もちろん、希少種の巣が近くにあるかどうかなど工事をする際にはわからないものだし、工事の時期を決めるのにもさまざまな制約があることは容易に想像できる。しかし、この巣があった場所のように希少な野生動物が多く生息しているところでは、緊急の工事以外は野生動物に影響の少ない時期に行うなど、一定の配慮があってもよいかもしれない。実際、奄美大島では、野生動物の繁殖時期をある程度考慮して工事が行われる例も増え始めている。奄美大島のように自然の豊かなところだからこそ、そのような配慮は今後ますます重要になってくるだろう。そしてそのような配慮をするためには、やはり配慮が必要な野生動物の基本的な生態をきちんと知っておくことが大切である。オオトラツグミの巣を探しそれを観察するという、一見なんの役に立つかわからないような調査も、こう考えればそれなりに意味のあることなのだ。

繁殖失敗の原因

　工事のような人為的な活動によりオオトラツグミの繁殖が妨げられる事態は、わたしが知らないところで他にも発生しているかもしれないが、さほど頻繁に起こることではないと思われる。というより、今わかっている範囲では、繁殖失敗の大部分は人間活動とは関係のないところで生じている。これまでに繁殖が確認されたオオトラツグミの三十四の巣について見ると、この中で一羽でも雛が巣立ちに至った巣（これを繁殖に成功した巣と見なそう）は十九で、単純に計算すると巣立ち成功率は五十六パーセントとなる。成功率が二割ほどだったマダガスカルサンコウチョウに比べればよほどよい成績である。繁殖に失敗した十五巣のうち、人為的な活動が失敗の原因と考えられるのは上述の一例のみだ。また、大雨の後に雛が巣の中で死んでいるのが発見された事例が一例だけある。降雨に耐えかねた親が雛を放棄して巣から離れてしまったのかもしれないが、これもかなりまれな例といえる。他の十三巣では、抱卵期や育雛期の途中で卵や雛が忽然と消えてしまっており、原因は定かではないものの、捕食者に襲われたと見なすのが妥当なところだろう。実際、この十三巣のうちの一巣では、雛がハシブトガラス *Corvus macrorhynchos* に襲われる凄惨な現場がビデオカメラで撮影されている。二〇一五年四月二十九日、雛三羽が孵化して四日が経過した巣にビデオカメラを設置し、朝から撮影を行っていたときのことだ。午前八時六分、雛の上に座っていたメスが突然巣から飛び出し、その直後に一羽のハシブトガラスが巣に舞い降りた。そして、巣内にいる雛の一羽をくちばしでくわえて持ち去ってしまったのである（図４・16）。ハシブトガラスは六分後に巣に戻ってきて、今度は残る二羽のうちの一羽を巣の中で引きちぎって食べ始めた。三分後、引きちぎった肉片ともう一羽の雛をくちばしでくわえ、巣から飛び去った。この間、

図4・16
ハシブトガラスによるオオトラツグミの雛の捕食の現場.（a）巣で抱雛している親が突然警戒声を上げた.（b）その直後に親は巣から離れ，ハシブトガラスが巣に飛来した．そして（c）中にいる雛をくちばしでくわえ，持ち去ってしまった．ビデオカメラの映像をキャプチャーした写真

親はビデオカメラの画面には映っていなかったが、警戒声は聞こえていたので、おそらく巣の近くでなすすべもなく事態を見守っていたのだろう。ハシブトガラスが去って五分後、巣に戻ってきたメスは、ついさっきまでいた雛がいないのが信じられない、といった感じでしばらく巣の中をのぞき込んだり、ときに座り込んだりしながらそこに留まっていた。さらに悲しいことには、ハシブトガラスが食べ散らかして巣に落ちていた雛の肉片をくちばしでくわえ、ひょいと食べてしまったのだ。なんともいえず哀れな気分になった。メスは一分半ほどで巣から出て行き、その六分後には、今度はオスがミミズをくちばしいっぱいにくわえて巣にやってきた。しかしミミズを与えるべき雛がいないため、すぐにそのまま巣から離れてしまった。その後、両親が巣に戻ってくることはなかった。

　映像で記録されたのはこの一例のみであるが、ハシブトガラスによる卵や雛の捕食はかなり高い頻度で起こっているのではないかと想像できる。もちろん、ハシブトガラス以外にも捕食者はいるだろう。たとえば、樹上に登ることもできるヘビで、ネズミや鳥など恒温動物をおもに捕食するハブや、鳥から爬虫類、両生類までいろいろな動物を食べるアカマタ *Dinodon semicarinatum* などは、その有力な候補であるといえる。また、確証はないものの、ルリカケスも巣の捕食者なのではないかとわたしはにらんでいる。これは、やはり巣を映したビデオカメラの映像から想像したものだ。二〇〇七年五月二十三日、オオトラツグミの一つの巣の近くにビデオカメラを設置した。その巣は小さな沢の横に生えるハドノキ *Oreocnide pedunculata* の枝の股、地上六メートルと高いところにあった。そろそろ孵化しているかどうかというくらいの時期だったが、ビデオカメラを置いた時点で親が巣におらず、ちょっとおかしいな、もしかしたら捕食されたのかなとは思っていた。しかし、わたしを警戒して巣から離れている可能性もあるので、ビデオカメラを作動させて早々にその場を去った。午後にビデオカメラを回収し、さっそく映像を見てみると、親はまったく巣を訪れていなかった。やはり捕食にあったようである。そして、しばらく巣だけが映るむなしい映像を早送りで見ていると、午後一時三十四分、明らかにオオトラツグミではない鳥が突然巣にやってきた。これがルリカケスであった。このルリカケスは、巣に留まって巣材（巣の底に敷かれている細い木の枝や根のようなもの）をしきりにくちばしでひっぱっていた。自らの繁殖のための巣材を集めているといった感じではなく、巣材になにか味がついていてそれを味わっている、というような雰囲気に見えた。数十秒でルリカケスは巣から去ったが、この行動を見て、わたしはルリカケス自身が食べた卵か雛の一部か、あるいは匂いが巣に残っていて、それを味わいに同じ個体が巣に戻ってきたのではないかと想像したのである。今のところはまったく証拠のない想像でしかないので、この観察をもとにルリカケスに捕食者の嫌疑をかけるのは少々気の毒ではあるが、もしこの疑惑が真実であるとすれば、天然記念物が天然記念物を食べるという過酷な種間関係が奄美大島で繰り広げられているということになる。

なお、このルリカケスの捕食者疑惑は、希少種保全の進め方に対して一石を投じるものであると思う。「希少種に脅威を与える捕食者は駆除すべし」という議論はよくあるが、仮にルリカケスがオオトラツグミにとって深刻な捕食者であった場合、ルリカケスは駆除すべき対象なのだろうか。ルリカケスは天然記念物であり、またかつては環境省レッドリストに絶滅危惧種として掲載され、種の保存法により国内希少野生動植物種に指定されていた種である。つまりオオトラツグミとまったく同じ立場だったのだ。二〇〇六年のレッドリスト改訂の際に、ルリカケスは個体数が十分に多いと考えられることからランク外となり、二〇〇八年には国内希少野生動植物種の指定も解除されたが、とはいえこれをオオトラツグミ保護のために駆除することはさすがにできないだろう。「希少種に脅威を与える捕食者は駆除すべし」という意見に反対はしないが（場合によっては賛成だ）、人間による扱いの違いによって駆除する、しないを決めるのなら、つまりハシブトガラスなら駆除せよ、ルリカケスなら駆除するな、というのなら、そこには少し釈然としない気持ちも残るのである。

巣の捕食者がだれであるかは、マダガスカルサンコウチョウがそうであったように、営巣場所選択や育雛行動の進化にも影響を与えていると考えられ、保全から離れても生態学上の興味は尽きない。ルリカケスが捕食者であるか否か、他の捕食者にはどのような種がいるのかも含め、今後も調査を続けていきたいと思う。

繁殖期を決める要因は

何度も書くように、鳥の繁殖は種によって時期が決まっている。これは、子育てに適した時期、具体的には

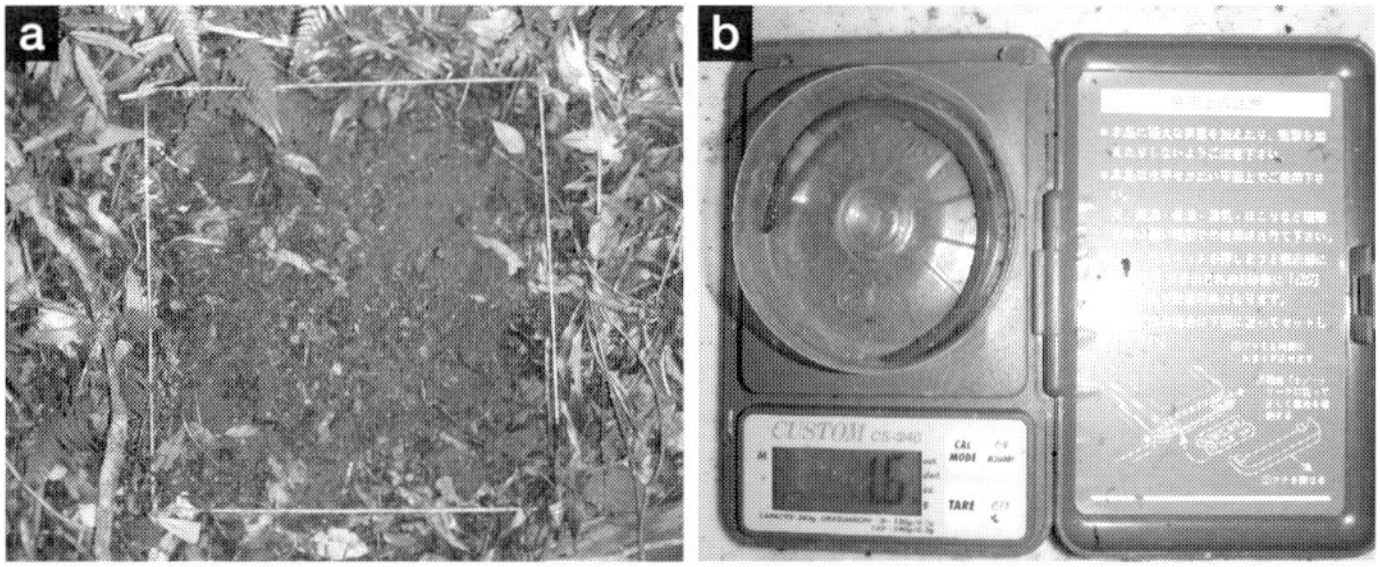

図4・17　ミミズの調査の様子.（a）林床に設けた50 cm四方の枠と,（b）採集されたミミズ. 500 mlのペットボトルの底を切った容器に入ったこのミミズは1.6 gで, オオトラツグミにとってはちょうど食べごろの大きさだ

雛に与える食べ物が豊富に得られる時期が限られていて、親がその時期に合わせて卵を産み、雛を育てるよう進化しているためである。ヨーロッパで鳥類の繁殖期を調べた研究では、雛が巣にいる時期と雛の主要な食べ物が大量に発生する時期が一致することが示されている（Lack, 1968）。ではこれをオオトラツグミにも当てはめて考えてみよう。オオトラツグミの雛の主要な食べ物はすでに述べたようにミミズである。だとすれば、この鳥の繁殖期は、ミミズが一年を通してもっとも多い時期と一致していると予測することができる。この予測を検証するために、ミミズの数の季節変化を調べることにした。

ミミズの数はどうやって調べればよいだろう。オオトラツグミは地面を深く掘ることはできないので、この鳥が捕まえるミミズは落ち葉の下や表土のごく近くにいるものに違いない。そこで、林床に五十センチメートル四方の枠を設置し、その中の落ち葉と表土を注意深く払いのけて、枠内にいるミミズを見つけるという方法で数を数えることにした。同時に、見つけたミミズはすべて重さを量って大きさの目安とした（図4・17）。ただし、ミミズのいる、いないはさまざまな要因に影響を受けているであろうから、一か所で調べるだけではたまたま多かったり少なかったりして、正確な値が得られないかもしれない。そのためこの枠を一地域で九か所、それぞれ最低五メートルの間隔をあけて設置して、そこで数えられたミミズの数の合計および重さの合計を、その地域におけるミミズの相対的な量と考えることにした。さらにその作業を九地域で行った。すなわち、九×九、八十一か所の枠でミミズを数え、重さを量ることになる。この作業を繁殖期とそれに続く季節である三月から九月までは月に三回、それ以外は月に二回、それぞれ行うことで、森全体のミミズの量が季節によりどのように変化していくのか把握を試みた。

この調査は継続中で、まだ論文として公表していないので、結果の概要だけを簡単に述べることにしたい。冬の間、一月や二月には、このやり方ではほとんどミミズは見つけられなかった。それが三月に入ると徐々にミミズの数が増えてくる。ただしこの時期に見つかるのは孵化したばかりの個体がほとんどで、長さはせいぜい一センチメートル、重さも〇・一グラムに満たないごく小さなものである。その後、ミミズの数はどんどん増えていき、また見つかる個体の大きさも目に見えて大きくなっていく。ミミズがもっとも多く、またもっとも大きくなるのは六月後半から七月で、その後、数は次第に少なくなっていき、十一月ごろには再びほとんど見つからなくなる（図4・18）。

さて、オオトラツグミの繁殖期は、先に述べたようにほとんどが三月から五月いっぱいくらいまでである（まれにそれ以降も繁殖している個体もいるが）。雛が孵化する時期のピークは四月から五月ごろだ。一方、ミミズの数が最大となるのは六月後半から七月。雛の食べ物として適当なのは一グラム以上ある大きめのミミズであるが、この大きさのミミズが増えてくるのも六月。ということはどうだろう、オオトラツグミでは、雛がもっとも多くの食べ物を必要とする時期と、雛の主要な食べ物であるミミズが多く、大きくなる時期とが一致していないことになるではないか（図4・18）。これは鳥類の一般的な傾向とは異なっていることになる。な

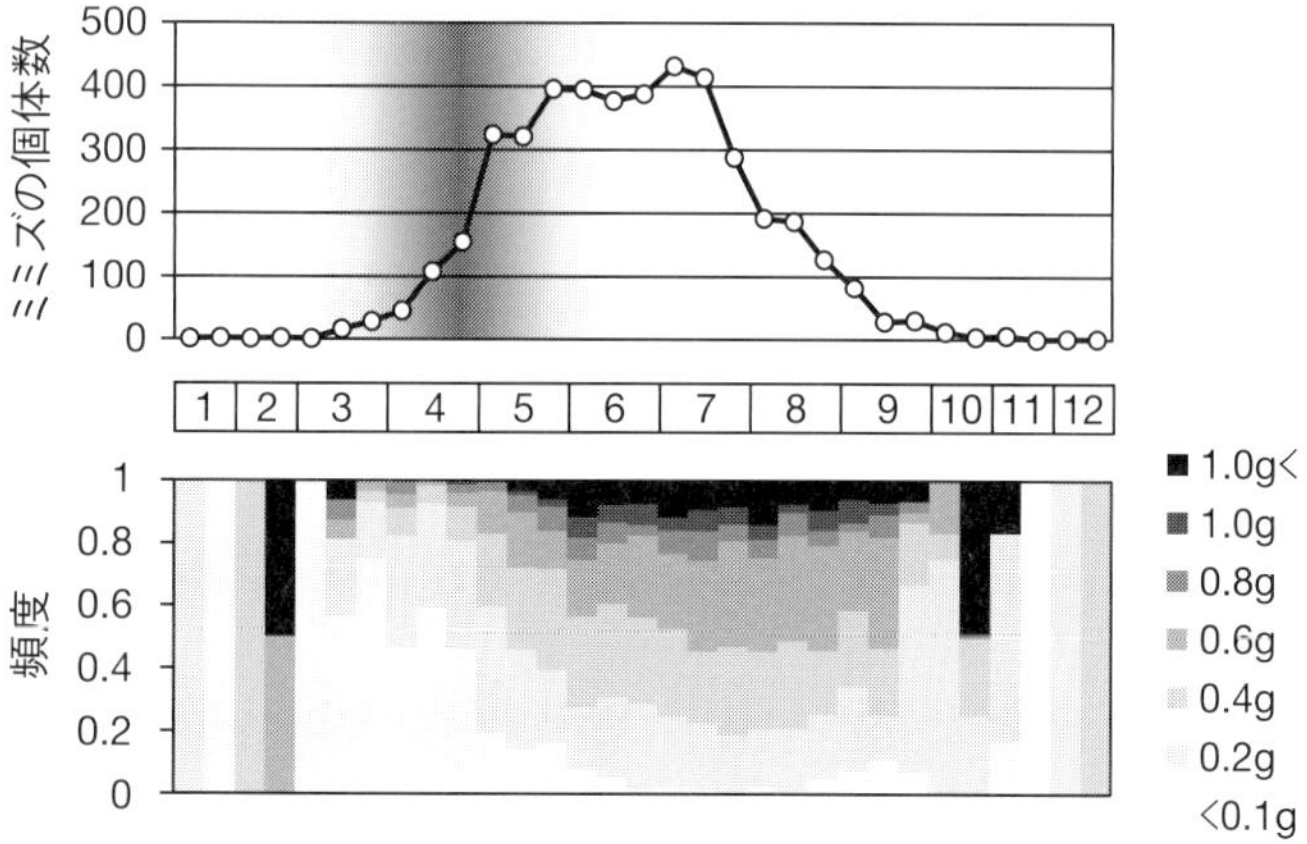

図4・18　調査で確認したミミズの数の季節変化(上)と，重さの頻度(下)．真ん中の帯の数字は月を表す．3月から9月は月に3回，それ以外は月に2回，調査を行っている．ミミズの数は5月から7月にかけてもっとも多くなり，雛の餌として適当な大きさ(1g以上)のミミズの割合は6月から8月ごろにかけて多くなる．上のグラフのグレーの部分がオオトラツグミの主要な繁殖期．ミミズの数が多い時期とオオトラツグミの繁殖期はかならずしも一致してはいないことがわかる．水田未発表データ

ぜこんな不一致が生じるのだろう。

答えらしきものを書いてしまうと、これには東アジアに特有の気象現象である梅雨が関係しているとわたしは考えている。奄美大島の梅雨入りは例年五月半ばだし、梅雨が明けるのは六月後半である。オオトラツグミの繁殖期は、つまり梅雨が本格化するころには終盤を迎えるのだ。これは偶然の一致ではないだろう。巣内の雛は、体がぬれると体温が低下して死に至る危険があるため、育雛中に雨が降れば、メスはつねに巣に座って雛がぬれないよう守らなければならない。しかしそうするとメスが食べ物を探しに行けなくなる。孵化後十日もすればオスだけでなくメスも雛に給餌する必要が出てくるのだから、雨が降るとメスの給餌分だけ雛の食べ物が不足するということになる。さらに、雨で地面がぬれている状態ではミミズもあまり地表付近に出てこなくなる。実際、雨の中でミミズの調査をすると明らかに発見できる数は

少ないし、オスの給餌頻度自体も雨の中では低下する。こういったことを考えると、梅雨の時期にはミミズの絶対数は多いかもしれないが、降雨という外的な要因により、オオトラツグミにとって利用可能なミミズの数は減少することになる。オオトラツグミの繁殖期は、したがってミミズの絶対的な数が多い時期に一致しているのではなく、絶対数はピークに達していないものの、降雨による利用の制限を受ける前の時期（結果的にその時期がミミズの利用可能性がもっとも高くなる）に一致しているのかもしれない。これについては今後、もう少し詳細に検討する必要がある。

奄美大島のミミズ

前述のミミズの調査は年間を通じて三十一回行っている。一回につき八十一か所でミミズを探すから、年間二千五百十一回、繰り返し地面にはいつくばってミミズを探していることになる。もっとも多い時期には五十センチメートル四方の枠内で二十九匹のミミズが見つかったこともあった。見つけたミミズはすべて重さを量るため、これまでに量ったミミズはじつに五千匹を超える。我ながら気の遠くなりそうな数字だ。しかし反復は力なりである。こうやってミミズをひたすら量り続けたため、いまやわたしはミミズを一目見ただけでそれが何グラムくらいか言い当てられるようになった。役に立つか立たないかといえばこれほど役に立たないこともないだろうが、一応これはわたしの特技の一つである。

しかしこうしてミミズと親しく付き合っていると、この単純な形をした動物に対し次第に愛着のようなものがわいてくる。三月ごろに見つかるのは孵化したてのごく小さな個体で、その透きとおらんばかりの初々しい

図4・19　ミミズを食べるさまざまな動物．(a) アマミヤマシギが地面からミミズを引っ張り出す決定的瞬間，(b) 土を掘り返すリュウキュウイノシシ，(c) ミミズを専食しているリュウキュウアオヘビ，(d) ミミズに食いつくアマミヒゲボタルの幼虫．(a) は奄美マングースバスターズの自動撮影カメラによる撮影，環境省奄美野生生物保護センター提供

体色はなんともいとおしい。季節が進むにつれて徐々に大きな個体が見つかるようになり、色もピンク色のようなあずき色のような、立派な「ミミズ色」になってくる。同じ個体を見続けているわけではないのだが、その様子を記録していると、なんだか我が子の成長を見守っているようなほほえましい気分になる。夏を過ぎ、見つかる数が減ってくるとそこはかとなく寂しい気分になるし、捕まえようとしたときに体を激しくくねらせる「踊り」のようなしぐさは（おそらく捕食者に襲われたときの対策と思われる）、もはやけなげ、としか見ることができない。ミミズには見る者を惹きつける不思議な魅力があるのだ。

ミミズを食べるのはオオトラツグミだけではない（図4・19）。わたしのもう一つの調査対象種であり、保護増殖事業の対象ともなっているアマミヤマシギも、その長いくちばしで地面をついてはミミズを引っ張り出して食べている。他にもアカヒゲやキビタキ *Ficedula narcissina*、冬鳥のシロハラ *Turdus pallidus* などといったヒタキやツグミの仲間の鳥もミミズをたくさん食べているだろうし、リュウキュウイノシシ *Sus scrofa riukiuanus* も地面を掘り返してミミズを食べている。ヘビの中にはリュウキュウアオヘビ *Cyclophiops semicarinatus* ようにミミズをおもに食べているものもいる。変わったところでは、アマミヒゲボタル *Stenocladius yoshimasai* の幼虫も、自分より何倍も大きなミミズを食べる。ミミズは数多くの動物の食べ物となっており、奄美大島の生態系を底辺から支える重要な生き物といえるだろう。

こんな愛おしくも重要なミミズであるが、なんと奄美大島のミミズの多くは未記載種である。未記載種とは読んで字のごとくまだ記載されていない種、すなわち種としての名前がまだついていない生き物のことで、きちんと調べれば新種となる可能性があるものだ。わたしがひたすら数を数え、重さを量っているミミズたちも、そのほとんどは未記載種であるらしい。調べれば新種になる可能性のある生き物が、こんなに身近にたくさん存在しているのだ。わたしは分類学的な素養がないので自分自身で記載してやることはできないが、どなたかミミズの分類に詳しい方は、ぜひ奄美大島のミミズを調べて記載を行ってほしい。そして願わくは、もっとも個体数の多い未記載種に「ミズタミミズ」と名づけてほしい。奄美大島の生態系を支えるミミズ。そのミミズに自分の名前がついているなんて、まるで自分が奄美大島の生態系を支えているようで気分がよいではないか。ミミズの分類学者で我こそは、と思う方はぜひ奄美大島を訪れて、ミズタミミズの研究にとりかかってもらいたいと思う。

冗談はさておき（いやミズタミミズの記載は冗談ではなく本気で願っているのだが）、移動能力が高いとはいえないミミズは琉球列島の中でも島ごとにかなり種分化している可能性があり、生物地理学的な研究を行うにも適した材料だと思われる。ミミズの一生、つまり生活史についてもまだまだわかっていないことが多そうだし、捕食者回避のためのあのけなげな「踊り」も行動学的に研究する余地がありそうだ。もちろん奄美大島の生態系を支える重要な生き物として、保全生態学の対象としても興味深いだろう。分類学から系統学、生物地理学、さらには生態学から行動学、保全生態学まで、琉球列島のミミズを対象とした研究にはさまざまな可能性があるといえる。

コラム　書籍『奄美群島の自然史学』

ミミズに限らず、奄美大島にはまだまだ研究されていない生き物が多数存在しており、そのような生き物を追って年から年中多くの研究者が来島する。奄美野生生物保護センターはそのような研究者が集まる拠点のような施設だ。センターに長く在籍していると、これら研究者たちの話を聞く機会も多く、その面白さに触れるにつけ、この話をこの場だけでとどめておくのはもったいない、いずれ、たとえば書籍などにまとめて広く一般の人に届けることができれば、というようなことを漠然と考えていた。しかし書籍の出版などしたこともなく、その方法もわからないまま、出版はいわば夢物語として頭の中にとどまっていた。

ところが、あるときこの夢物語を実現するきっかけが与えられた。忘れもしない二〇一四年二月十九日の夜、雨の降る中を職場から自宅に歩いて帰る途中、水たまりで足を滑らせ転倒し、左足を骨折してしまったのだ。二月といえば、オオトラツグミのさえずり調査の準備を進めており、これから本格的な野外調査が始まろうとする時期だ。三月以降はオオトラツグミの繁殖期であり、それを研究するわたしにとっても一年でもっとも忙しい時期。そんな大切な時期に動けなくなるなんて。全治三か月と診断されたとき、大げさではなく絶望感に打ちひしがれた。

骨折を知った人の多くは慰めの言葉をかけてくれたが、一人厳しく叱咤激励してくれたのが森林総合研究所の小高信彦さんだ。小高さんは沖縄島北部のやんばるでノグチゲラ *Sapheopipo noguchii* というキツツキの研究をしている人で、ともに島の希少鳥類を研究しているため、わたしにとっては盟友ともいうべき存在である。その小高さんが、「立ち止まって考える機会ができたと思って、動けない時間を自分の将来に投資する時間にしてはどうか」とメールで書き送ってくれた。それで、そうか、パソコンの前から動けないのであれば、パソコンを使ってできることをしてみよう、と前向きに考え、書籍の出版の実現に向けて動き始めることにしたわけだ。

最初に相談したのが、京都大学生態学研究センターの川北　篤さんである。川北さんはわたしよりよほど年若いけれど、世界に名だたる生態学者で、奄美大島で植物と昆虫の共生関係について研究をされている。彼は教育者としても優れており、どんな相談ごとを持ちかけても、そのいい部分を見つけてほめてくれるという美質を持っている。川北さんに相談したのは、そうしてほめてほしかったのと、ご自身の研究についてもぜひ原稿を書いてほしいと考えたからだ。川北さんは思った通り、その企画は面白い、ぜひ進めるべきだ、自分も寄稿するし手伝えることがあれば手伝う、と力強く言ってくれた。

とはいえ、出版社を探すのは容易ではない。企画を直接持ち込んでは断られ、出版社とつながりのありそうな人に紹介してもらおうとしては断られ、数か月は話が進まなかった。そんなあるとき、大阪府病害虫防除所の那須義次さん（現大阪府立環境農林水産総合研究所農業大学校）が奄美大島に調査に来られた。那須さんは鳥の巣に共生する昆虫類という、あまり人が目を向けない分野で興味深い研究をされており、奄美大島にはオオトラツグミやルリカケスといった鳥の巣に共生する昆虫を調べに来島されたのだ。夜、那須さんとその共同研究者の方々との飲み会の席で、書籍の出版計画について話してみた。すると、那須さんが東海大学出版部の編集者が知り合いなので紹介する、と言

図4・20
『奄美群島の自然史学
亜熱帯島嶼の生物多様性』
の表紙

ってくださった。それで、企画書を作成してその編集者、稲　英史さんに送ったところ、稲さんが出版を快諾してくださったのだった。

　こうして計画は動き出し、心当たりのある研究者に片っ端から原稿の依頼をしてみた。すると、なんと全員が執筆承諾の返事を寄こしてくれた。たくさん売れるたぐいの書籍ではないので原稿料や印税は支払えないと伝えたにもかかわらず、である。この心意気に感激し、一部締め切りが過ぎても届かない原稿にやきもきしながらも、稲さんのご指導のもと編集作業を進め、ようやく出版にこぎつけることができた。それが『奄美群島の自然史学　亜熱帯島嶼の生物多様性』（水田編著、二〇一六）である（図４・20）。奥付にある発行日は二〇一六年二月二十日。骨折から丸二年と一日後に、出版が実現したことになる。

　その内容は本当に面白く、単なる一地方の生物紹介にとどまらない、自然史研究の教科書としても読める書籍になっていると自負している。ちなみにわたしは、この本ではオオトラツグミではなくアマミヤマシギについて書いている。アマミヤマシギの交通事故が月夜に多発する、というミステリアスな現象について調べた結果だ（水田ら、二〇〇九：Mizuta, 2014b も参照）。関心のある方はぜひ読んでいただきたい。

オオトラツグミの数を数える

ここまで述べてきたように、オオトラツグミが繁殖する環境や必要な資源、繁殖の時期やそのやり方など、基本的な繁殖生態については少しずつ明らかになってきた。続いて知りたいのは、この鳥がなぜ絶滅危惧種と呼ばれるほど数を減らしてしまったのか、現在はどれくらいいるのか、そしてその数は増えているのか減っているのか、といったことである。ここからはこれらの疑問について考えていくことにしよう。

一九九〇年代、オオトラツグミは極端に数が少なく、姿を見ることは非常にまれであったらしい。そのおもな原因は生息環境の悪化だと考えられる。第二次世界大戦後アメリカの占領下にあった奄美群島は、一九五三年に日本に復帰した。それと同時に、奄美大島では豊かな木材資源を利用するために森林の伐採が大々的に開始された（Sugimura, 1988）。木材資源の利用自体はそれ以前にも行われていたが、本土復帰後の伐採がそれまでと大きく異なっていた点は、重機を用いた大規模な皆伐であったことである。この森林伐採が奄美大島の自然に大きな影響を与えたことは想像に難くない。森林に依存して生活するオオトラツグミもまた、伐採により生息地を大幅に奪われたに違いない。木材生産は一九七〇年代をピークに下降に転じるが、伐採が完全になくなったわけではなかったため、一九九〇年代の奄美大島の森林は、オオトラツグミをはじめとする野生動物にとってけっして住みよい環境ではなかっただろう（図4・21）。このような状況であったため、姿を見ることも少なくどこにいるのかよくわからないオオトラツグミは、いつしか「幻の鳥」と呼ばれるようになった。「幻の鳥」という語は、観察が困難でその実態がよくわからない鳥を指してしばしば使われる表現で、そう呼ばれる鳥は少なからずいるが、当時のオオトラツグミは、地元の自然愛好家でも目にする機会が極端に少ない、

図4・21　皆伐された森林．このような環境にはオオトラツグミは住むことができない

本当に「幻」のような存在であったらしい。

この状況に危機感を覚えたＮＰＯ法人奄美野鳥の会は、東京大学の石田 健さんとともに、一九九四年からその数を把握するための調査を開始した。しかし、何度も書くようにオオトラツグミは姿を見るのが非常に難しい。そんな鳥の数をどうやって数えればよいのだろう。じつはこの鳥は、姿を現さなくとも数を数えるのに役立つ打ってつけの習性を持っている。それが、先にも述べた「世界一美しい」とも称されるさえずりだ。オオトラツグミは、三月ごろになると早朝にこの美しい声で一斉にさえずり始める。とても大きくよく通る声なので、少々距離があっても聞き取ることができる。条件さえよければ一キロメートル以上離れていても聞こえるほどだ。森の中に響き渡るこの「キョローン」という大きな声の数を数えることで、姿を確認しなくてもどこにどれくらいの個体がいるかがある程度わかるのだ。オオトラツグミの数は、このさえずりの数を数えることで把握することができるのである。

絶滅寸前

さえずりの数を数えた調査の結果を述べる前に、オオトラツグミのさえずりというものについて少し確認をしておこう。

まず、オオトラツグミはオスだけがさえずるのだろうか、それともメスもさえずるのだろうか。またどちらがさえずるにしても、そもそもなぜさえずるのだろう。驚くべきことに、こんな初歩的なことすらじつはまだ確認はできていない。顕著な性的二型がないオオトラツグミは外見で雌雄が区別できないため、たとえ運よくさえずっている個体を目撃できたとしても、それがオスなのかメスなのか判断できないのだ。さえずりの数に基づいて個体数を数える場合、さえずるのがオスだけなのか、オスもメスもさえずるのかを知ることはとても重要な問題である。もしオスのみがさえずるのであれば、単純にいえばその数にメスの数を足し合わせたものが全個体数になる。反対に、もしオスと同様にメスもさえずるのであれば、これも単純にいえばさえずり個体数イコール全個体数ということになるだろう。

また、オオトラツグミがなぜそんな大きな声でさえずるのかもわからない。この場合の「なぜ」は、第3章で述べた「ティンバーゲンの四つのなぜ」のうちの「機能に関する答え」のことを指しているのであるが、オオトラツグミのさえずりがどのような機能を持っているのか、つまりなんのために鳴くのか、さえずりがどのような意味を持っているのかについて、まだ確認はできていないのである。

このようにさえずり個体の性やさえずりの意味は明らかになってはいないのだが、しかし一般的な鳥類の傾向から類推すると、オオトラツグミもさえずるのはオスのみで、そのさえずりにはなわばりの宣言や異性を惹きつけるといった意味があると見なして間違いはないと思われる。オスとメスの両方がこれほど美しい声でさえずるなんてことはあまりありそうにないからだ。本書の冒頭でメスらしき個体も小さく濁った声で鳴いている可能性を述べたが、そうだとしても、早朝の森に響くあの声量のある美しいさえずりは、オスが発しているものと考えてよいだろう。早朝のある時間帯だけに鳴くということは、そこには繁殖に関わるなにか儀式的な意味があるのかもしれない。さえずりの機能は今後も調べていく必要があるけれど、いずれにしても本書では、オオトラツグミのさえずりはオスのみが発し、それにはなわばり宣言や異性を惹きつけるといった意味があると仮定した上で、この後の話を進めていきたい。

オスがなわばり防衛や異性の誘引のためにさえずっているとすると、さえずり調査によって確認されたさえずり個体の数というのは、「繁殖に参加しているオスの数」ということになる。オオトラツグミが一夫一妻であることは繁殖生態を調べて明らかになっているから、性比が一対一であると仮定すれば（鳥類の個体群で性比が一対一から極端に偏っているとは考えにくいので、この仮定は突飛なものではないだろう）、さえずり個体数を単純に二倍すれば、「繁殖に参加している雌雄の個体数」が得られることになる。さえずっていない（つまり繁殖齢に達していない）オスというのがもしいるなら、さえずり調査によって全個体数を単純に推定することはできないが、オオトラツグミのようなスズメ目の鳥類では一歳から繁殖に参加しているのが普通であるから、さえずり数イコールすべてのオスの数、と見なしてもあながち間違いではないだろう。つまり、オオトラツグミの全個体数は、「さえずり個体数の二倍」であると見なして、大きく外れることはないと考えられる。

さて、このようないくつかの仮定のもとに、奄美野鳥の会の有志と石田 健さんが一九九四年から行ったさえずり調査を見てみよう。その結果は、この島が想像以上に危機的な状況にあることを示すものであった（奄美野鳥の会、一九九七）。調査は、奄美大島の中で比較的まとまって森林が残っている「林道奄美中央線」において、ラインセンサスという手法を用いて行われている。ラインセンサスとは、決められた調査ルートを一定の速度で歩き、その間に確認された生き物を記録していくという調査手法である。一九九六年の三月にこの調査によって確認できたオオトラツグミは、わずか十八羽であった。石田さんらは奄美大島中を自動車で走り回り、奄美中央線以外のオオトラツグミがいそうなところでさえずりの有無を確認した。その結果、いくつかの地点で計十一羽のさえずりが確認されたが、それらをすべて合わせても、さえずっているオオトラツグミは二十九羽という状況であった。調査していない場所もあっただろうから、これがさえずり個体の全数というわけではないが、それにしても少ない数字である。上で述べたように単純に二倍すると、この島の全個体数は「五十八個体を少し上回る程度」ということになる。これは、ＩＵＣＮが規定した「絶滅危機種」よりもさらに危機的な「絶滅寸前種」に該当する数字である（奄美野鳥の会、一九九七）。

さえずり個体一斉調査

この結果を受けて、石田さんの指導のもと、奄美野鳥の会では毎年さえずり調査を行うことになった。一九九九年以降の調査は、ボランティア調査員を多数動員して林道里線と奄美中央線、金作原線を含む全長四十二キロメートルに及ぶルートを歩く「オオトラツグミさえずり個体一斉調査」に発展し、これは現在でも継続して行われている。毎年三月下旬の日曜日に開催されるこの調査（今後は単に「一斉調査」と書く）に参加するのは、奄美野鳥の会のメンバー、地元の住民、それに島外からこの日のために集まってきた人たちを含む、百名を超えるボランティア調査員たちだ。最近では、北は北海道から南は沖縄まで、まさに全国各地から鳥好きの大学生が参加して、一斉調査はさらに活気づいている。

一斉調査のやり方を簡単に説明しておこう。まず調査員は二人一組に分けられる。それぞれの組は、先に述べた四十二キロメートルの林道（ここではわかりやすく「中央林道」と呼ぶことにする）の一キロメートルおきの地点に配置される。そこまでの移動は自動車だ。暗い中、大部分が未舗装路である中央林道を走行し、調査地点に向かうのには細心の注意が払われる。調査地点に配置された各組は、決められた調査開始時刻にいっせいに同じ方向に歩き始める。そして二キロメートルを歩いた地点で折り返し、もとの地点まで戻ってくる。往復四キロメートルのこの道のりを一時間で歩き、その間に聞き取ったオオトラツグミのさえずりのおおまかな位置を記録していく、というのが調査の基本的なやり方だ。各組は一キロメートルおきに配置されているため、二キロメートルのうち最初の一キロメートルは自分たちより後ろを歩く組と、残りの一キロメートルは自分たちより先の組と、それぞれ重複して歩くことになる。決められた区間を往復し、かつ異なる組が区間の一部を重複して歩くことにより、さえずりの聞き落としを極力なくすように工夫しているのである。なお、調査が行われる三月下旬の奄美大島では、夜明けは六時半くらいで、空がうっすらと明るくなり始めるのが六時前である。したがって、調査開始時刻はだいたい五時半くらいに設定されている。

聞き落としをなくすような調査設計なので、さえずりを聞き逃している心配はあまりないのだが、一方で、異なる組の調査員が同一個体のさえずりを重複して記録していることは往々にしてある。また、ある調査員が聞き取ったさえずりの数が、実際よりも多く見積もられている可能性もないわけではない。たとえば同一個体

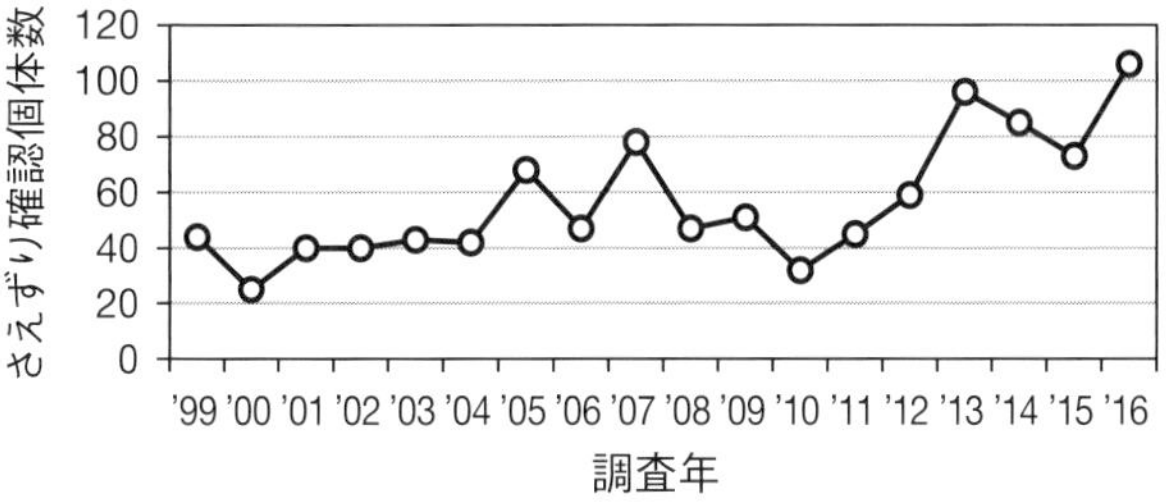

図4・22　オオトラツグミさえずり個体一斉調査の結果．42 kmの林道沿いで確認されるさえずり個体の数は徐々に増加しており，2016年にはついに100羽を超えた．NPO法人奄美野鳥の会のウェブサイトと2016年の調査結果を参照して作成

のさえずりであるにもかかわらず、それらを誤って二羽と数えていることもあるだろう。このような過大評価を排除することは、調査結果の正確性を担保する上で不可欠な作業である。このため、長年調査に携わっている奄美野鳥の会のメンバーが各調査員から「聞き取り」を行い、一定のルール（半径三百メートル以内で記録されたさえずりは、同時に聞こえていない限り同一個体のものと見なすなど）に基づいて、最終的なさえずり数を数えるようにしている。過大評価を避けるため、慎重に慎重を重ねて作業を進めるので、得られたさえずり数は「最低これだけはいた」という最低数の見積もりとなる。

ではこのような調査手法に基づいて行われた一斉調査の結果を見てみよう。一九九九年より前は調査のやり方が少し異なるので単純に比較はできないが、一九九九年以降は上に説明した手法で調査が進められている。重複の可能性を排除した最終的なさえずり確認数は毎年変動があり、二〇〇五年や二〇〇七年のように七十羽から八十羽の記録もあるが、おおむね四十羽から六十羽程度で推移していた。ところが、二〇一三年には一気に九十六羽に増え、二〇一四年、二〇一五年はそれぞれ八十五羽、七十三羽だったものの、二〇一六年にはついに百羽を突破したのである（図4・22）。調査の手法は変わっていないので、この確認数の増加は実際にオオトラツグミの個体数が増加したことを反映していると考えられる。オオトラツグミは、この一斉調査の結果を見る限り、近年確実に増えてきているのだ。

さえずり個体補足調査

話を簡単にするため、一斉調査の説明では中央林道についてのみ述べたが、一斉調査と同じ日に、奄美大島の南部、瀬戸内町の林道油井岳線にも調査ルートを設定して同様の調査が行われている。また参加者の数が増えてきた二〇〇八年以降は、中央林道に接するスタルマタ林道も調査ルートにして、ここでも同じ日に調査が行われるようになった。

中央林道や油井岳の周辺などは昔からオオトラツグミが比較的よく確認されていたところではあるが、しかしオオトラツグミはもちろんこれらの場所だけにいるわけではない。一斉調査だけでは当然確認できない個体もいるはずである。そこで、一斉調査とは別に、毎年三月下旬から四月初旬にかけて、奄美野鳥の会と奄美野生生物保護センターの有志で奄美大島各地のオオトラツグミがいそうと思われる場所でも補足的に調査を行うようにしている。この調査（これ以降「補足調査」と呼ぶことにする）は、一斉調査のようにルートを歩いてさえずりを探すラインセンサスではなく、一定の場所にとどまってそこでさえずりを確認する定点調査である。補足調査の地点数は年々増加し、二〇一一年と二〇一二年がもっとも多く二百八十一か所で調査が行われた。この年まで、補足調査の地点数は年々増えていたため（つまり調査努力量は年々増えていたため）、当然のことながら補足調査による確認個体数はそれを反映して増加していた。ただし、二〇一三年は前年に比べると調査地点数が八地点減少したにもかかわらず、確認個体数は一斉調査の結果と同じく急増していた。補足調査でも、一斉調査と同じく二〇一三年に個体群の急激な増加が見て取れる結果となっているのである。なお、限られた期間の中で多数の調査を行わなければならないのはかなりの負担で、二〇一四年以降は補足調査の数を少し減らしている。

ところで、先に補足調査は「奄美大島各地のオオトラツグミがいそうと思われる場所で」行うようにしたと述べたが、これは正確ではない。もちろんオオトラツグミがいる場所でさえずりの数を数えることは、この鳥が最低何羽いるのかを把握するのに重要である。一方で、この鳥が好む生息環境がどのようなものであるかを知るためには、いる場所だけでなくいない場所も確認し、いる場所といない場所の環境にどのような違いがあるのかを考える必要がある。このため、二〇〇八年からは補足調査とは別にオオトラツグミがいないとされている場所でも調査を行うことを心がけた。

しかしである。それまで調査されていなかったため、ここにはいないのだろうと思っていた場所を選んで調査に行くと、そのような場所でもかなりの割合でさえずりが確認されたのである。さえずりが聞こえないのは集落や市街地の近くなど限られた場所だけで、森林がある場所ではむしろオオトラツグミがいないところを探す方が困難なくらいであった。これらの場所で、二〇〇八年より前にオオトラツグミがさえずっていたのかどうかはデータがないのでわからない。しかし、個体数が極端に少なかった二〇〇〇年ごろまでは、おそらくいなかったのであろう（いればかならず確認されているはずだ）。その後二〇〇八年までの間に、徐々にオオトラツグミは分布を拡大したのではないだろうか。わたしが奄美大島に来たのが二〇〇六年で、そのころはすでにオオトラツグミの個体数は回復傾向にあったのだろう。このためわたしは本当に個体数が少なかったときのことを知らず、じつはオオトラツグミが「幻の鳥」であるという実感を持っていないのだ。もう少し早くオオトラツグミに出会っていれば、「幻の鳥」の個体群の回復過程をもっとはっきりと捉えることができたのだろうに、少々残念である。しかし、いずれにせよ希少種の個体群が回復傾向にあるのは喜ばしいことである。そして何度か述べたように、二〇一三年の個体数の急激な増加（その理由は定かではないけれど）には間に合い、それを捉えることはできた。

ではこの後は、わたしが奄美大島に来て以降のオオトラツグミ一斉調査、補足調査の結果を整理して、個体群の動向を見てみることにしよう。

個体数を推定する

本章の最初の方で保全のための目標設定について述べたが、そこで個体数の推定についても言及した。個体数を見積もり、その動向を把握することは、オオトラツグミのような希少種を保全する上では不可欠な目標の一つであるといえる。わたしが奄美大島に来た二〇〇六年の時点で公表されていたオオトラツグミの個体数の推定値は、二〇〇二年発行の環境省レッドデータブックに記載されている「百つがい未満程度」であった。しかし二〇〇六年の一斉調査と補足調査の結果では、百六十五羽のさえずりが確認されたので、これだけでもレッドデータブックの推定値を上回っている。また二〇〇八年以降、それまで調査が行われていなかったところにもかなりのオオトラツグミがいることが明らかになったので、「一斉調査と補足調査の結果」イコール「オオトラツグミの全さえずり個体数」とはもはやいえない状況となった。一斉調査と補足調査という大規模な調査の結果でさえ、いってみれば〝限られた〟データであり、全体の個体数を知るためには、この〝限られた〟データに基づいて推定を行う必要がある。一体どうすればよいだろうか。

もっとも単純に考えれば、単位面積当たりのオオトラツグミの生息密度を調べ、それに生息域の面積をかければよいだろうということが思い浮かぶ。たとえば、一平方キロメートルの中に平均して二羽のオオトラツグミのさえずりが確認されたとする。奄美大島の中でオオトラツグミが分布する森林の面積を大雑把に五百平方キロメートルとすると、全体では二かける五百で計千羽の個体がさえずっているだろうと見積もられる。さえずるのがオスのみで、性比が一対一から大きく偏っていないとすれば、雌雄を合わせた全体の個体数は約二千羽、ということになる。このような推定の方法でも、結果は大まかには間違ってはいないだろう。生息密度に大きな幅があるわけではないし、森林の面積も（伐採が小規模にしか行われていない現在では）大きな変化はないと考えられるからだ。しかし、当然のことだがオオトラツグミは森林の中に一様に分布しているわけではない。「常緑広葉樹林の奥深くにひっそりと生息している」と逸話的に語られていたように、生息密度は「森の奥深く」の方が高いかもしれないし、なんらかの地形が分布に影響している可能性もある。マングースの密度だって影響しているかもしれない。大まかには間違っていないだろうとはいえ、「密度×面積＝個体数」というごく簡単な方法で推定し、その数字に基づいて保全の方向性を決めてしまうのはたいへん抵抗がある。やはりここはオオトラツグミの分布に影響を与えそうな環境要因を考慮し、より厳密な推定を行う必要があるだろう。そこで、いくつかの環境要因を解析に組み込んで個体数の推定を試みることにした（Mizuta *et al.*, 2016）。

オオトラツグミの分布の多寡に影響しそうな環境要因として、以下の五つを考慮した。一つ目は林齢。森林は、林齢の高い方がより多くの動植物を育んでいると考えられる。「深い森にひっそりと」生息するというオオオトラツグミの分布にも、きっと林齢が影響しているに違いない。二つ目は草原や伐採地などといった開けた環境の面積。森林に営巣するオオトラツグミにとって、開けた環境が多い場所は生息地として不適なはずである。三つ目は標高。これは、海岸近くにはオオトラツグミは少なく、標高が高くなるほど多く分布していると予想されるからだ。四つ目は地面のでこぼこ具合。地面がでこぼこしている方が湿った環境が多いはずで、そのようなところにはオオトラツグミの繁殖に重要なミミズが多いのではないかと考えられる。そして五つ目がマングースの相対密度。もしオオトラツグミがマングースに食べられているなら、マングースの密度が高いところではオオトラツグミが少ないという傾向が見られるはずだ。

さらにもう一つ、ある場所で調査がどれくらい行われているかという「調査のされ具合」も、調査者が検出できるオオトラツグミの数に影響を与えていると考えられる。調査は島内でまんべんなく行われているわけではなく、十分調査が行き届いているところ、足りていないところ、まったく調査されていないところなど、調査のされ具合には場所によって濃淡がある。調査が密に行われているところでは、検出できたオオトラツグミの数は実際にいる数に近いだろうし、逆に調査が足りていないところでは、検出できた数は実際より少なめになるだろう。調査がまったく行われていないところにいたっては、たとえオオトラツグミがいたとしてもそれを検出することは不可能である。〝限られた〟データに基づいて個体数を推定する以上、この調査され具合に影響される「検出率」を考慮することは、過小評価を避けるという意味でもたいへん重要である。

では、このように環境要因と検出率を考慮して推定したオオトラツグミの個体数の推定値はどれくらいになったろうか。

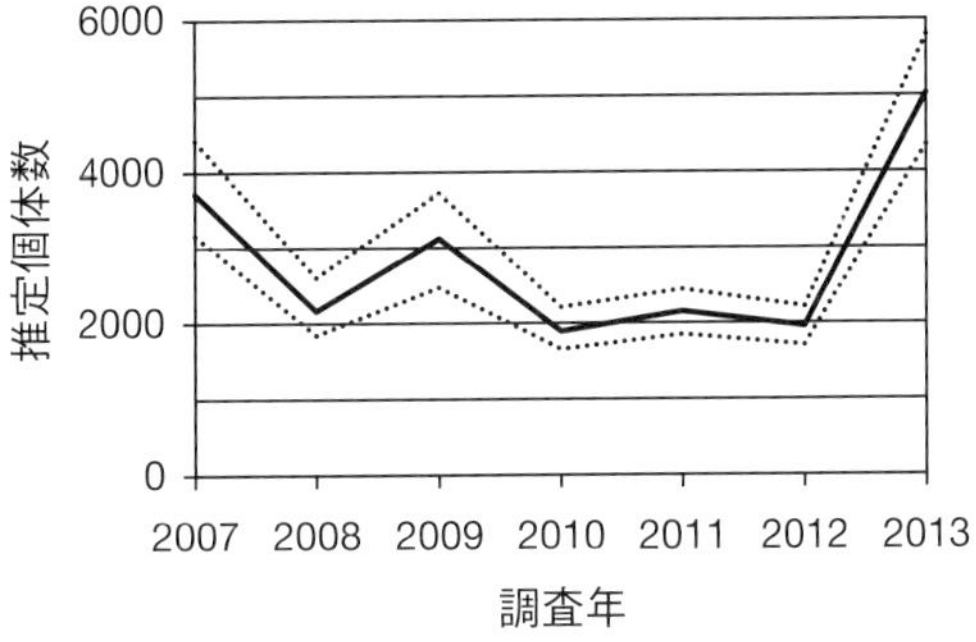

図4・23　オオトラツグミの推定個体数．2007年から2013年までの7年間でそれぞれ推定している．2013年にはさえずり個体の確認数が急増し，それに伴い推定個体数も増加した．点線は95％信頼区間．Mizuta *et al*.（2016）を改変

推定個体数と分布に影響する要因

解析には「一般化線形モデル」と呼ばれる手法を用いた。詳細な説明はここでは割愛し、結果だけを述べると、二〇〇七年から二〇一二年までのオオトラツグミのさえずり個体数は九百四十五羽から千八百五十八羽と推定された。さえずるのがオスのみであれば、全個体数はその倍、千八百九十羽〜三千七百十六羽ということになる。印象より少し多い気もするが、まったく予想外とわけでもなく、まずは順当な推定値ではないかと思う。そして二〇一三年は、一斉調査と補足調査で確認されたさえずり個体数の急激な増加を受けて、推定さえずり個体数も二千五百十二羽と一気に跳ね上がった。全個体数は五千二十四羽。これもかなり多いように思えるが、実際にさえずり個体の確認数が増えているのは確かなので、この推定値の増加もあながち的外れというわけではないだろう（図4・23）。

ではオオトラツグミの分布の多寡に影響を与えている要因はなんだろうか。簡単にいえば、推定値の予測に寄与していた環境要因が分布に影響を与えている要因ということになる。調査年によって異なるが、ほとんどの年で予測に寄与していた環境要因は、林齢と開けた環境の面積であった。林齢が高いほどオオトラツグミが多く、開けた環境が小さいほどオオトラツグミが多いという結果である。標高や地面のでこぼこ具合については、一貫した影響を与えているという結果は得られなかった。

そして最後の要因、マングースの相対密度も、二〇一一年までは影響があったという結果になった。マングースが相対的に多いところほどオオトラツグミが少ない、という結果である。じつは、これについては少々予想外であった。すでに述べたように、マングースが奄美大島のさまざまな野生動物に大きな影響を与えてきたことは間違いない。しかし、ことオオトラツグミに関しては、わたしはあまり影響がなかったのではないかとこれまで考えていたのである。その理由として、比較的原生的な森林が残る金作原周辺では、マングースが高密度で分布していたにもかかわらず、過去から現在まで一貫してオオトラツグミの存在が確認され続けていること、オオトラツグミの増加が、マングースの分布していない奄美大島南部でも顕著に見られていることなどが挙げられる。またオオトラツグミは警戒心が非常に強い鳥で、地面で採食する習性があるとはいえ、むざむざとマングースに食べられるほどぼんやりしているとも思えない。オオトラツグミは、したがってマングースの影響をあまり受けていない数少ない動物の一つではないかとわたしは思っていたのだ。しかし解析の結果は、少なくとも二〇一一年ごろまではマングースの影響があったことを示唆していた。アマミノクロウサギやアマミヤマシギはマングースにより顕著に分布を狭めたが、それらほどではないにせよ、マングースはオオトラツグミにも限定的な影響を与えていたのだろう。前述の通り、マングース防除事業の進展に伴い、現在ではマングースは極度に低密度化している。二〇一二年以降の結果にマングースの相対密度が寄与していないのは、それを反映しているのかもしれない。

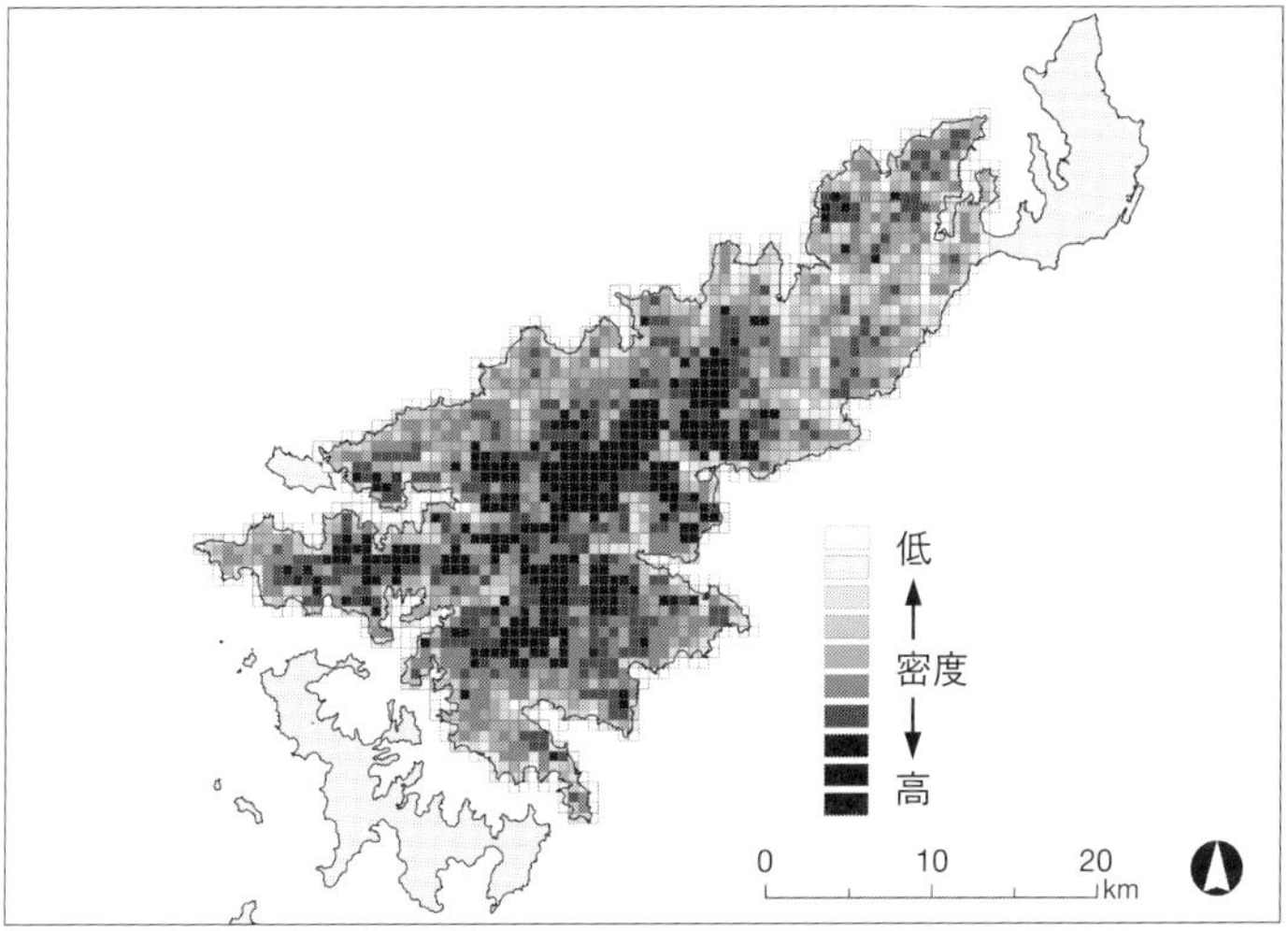

図4・24　解析結果に基づき推定したオオトラツグミの分布(2012年の結果)．色の濃いグリッドほどオオトラツグミが多いと推定されている．奄美大島の中部から南部にとくにオオトラツグミの多いグリッドが見られる．グリッドの大きさは600 m四方

これらの結果をもとにオオトラツグミのさえずり個体の分布を推定し地図に落としてみると、奄美大島の中部から南部にかけて、具体的には湯湾岳の周辺や神屋の国有林、金川岳や油井岳の周辺などといったところにオオトラツグミの多い地域が見られた（図4・24）。この解析から、かつてオオトラツグミの個体数を激減させた要因は、森林の伐採やマングースによる捕食であったと考えることができる。とくに森林伐採は、生息場所や繁殖適地を直接的に減少させる脅威であったに違いない。逆にいえば、近年のオオトラツグミの個体数の増加は、伐採の減少による森林の回復やマングース防除事業の進展によるところが大きいということになるだろう。

なお、この個体数推定と分布に影響する要因の解析はわたし一人の力で行ったわけではない。解析に用いたデータは、奄美野鳥の会の会員と毎年百名を超すボランティア調査員がとった一斉調査、補足調査の結果を使わせてもらっている。また、わたしは数学が得意でないので、解析の方法は国立環境研究所の深澤圭太さんに指導を仰いだ。深澤さんは日本を代表する数理生態学者の一人で、奄美大島のマングース防除事業にも携わっておられる。身近にいる第一線の研究者に教えを乞うことができたのは幸いだった。また、解析にはＧＩＳ（地理情報システム）を用いるが、このＧＩＳのソフトの使い方については、当時自然保護官補佐として奄美野生生物保護センターに在籍していた渡邉環樹君（現八千代エンジニヤリング）に教えてもらった。わたしはパソコン操作も得意ではないので、渡邉君の教えがなければ解析も準備段階でくじけていただろう。いやはや、考えてみるとじつに多くの人のお世話になっているものだ。奄美大島に来るまでは、どちらかというと一人で調査を行い一人で論文を書くことの方が多かったので、この研究のように多くの方の協力を得て一つの仕事を仕上げるという経験は、ほとんど初めてだったといってよいかもしれない。

林齢が高いとなぜオオトラツグミが多いのか

今回の解析では、オオトラツグミの分布に森林の林齢が関係している、すなわち林齢が高いほどオオトラツグミの数が多いという結果が得られた。「常緑広葉樹林の奥深くにひっそりと生息している」といわれるオオトラツグミなので、これは一見当たり前のことのようにも思えるが、そもそもなぜ林齢が高いとオオトラツグミが多いのだろう。そこになにかオオトラツグミが好むものがあるのだろうか。

オオトラツグミの繁殖に重要な資源、その一つは、営巣環境のところで述べたが、巣を作る場所の豊富さではないかと考えられる。オオトラツグミは太い木の枝の股や、木に着生したシマオオタニワタリの上などに巣を作る。太い木やシマオオタニワタリは林齢の高い森林に多い。オオトラツグミが高齢林を好むのは、つまりそこに巣を作りやすい場所が多いからなのだろう（Mizuta, 2014a）。しかし、巣は太い木やシマオオタニワタリの上だけでなく、岩棚や崖にも作られる。岩棚や崖は林齢の高い森林にも低い森林にも同じように存在するのだから、太い木やシマオオタニワタリがないところではそのような場所を利用すればよいだけで、巣を作る場所のみが高齢林を好む理由とはならないはずだ。

繁殖に必要な資源というものをもう一度考えてみよう。もちろん巣を作る場所も大切であろうが、より重要なのは雛に与える食べ物の豊富さであると予想される。食べ物が十分にないと雛を育てることができないからだ。ということは、林齢の高い森林には雛の食べ物が多いのかもしれない。オオトラツグミの場合、雛の主要な食べ物はミミズであることがわかっている。だとすれば、ミミズは林齢の高い森林ほど多いのではないだろうか。

これを調べるため、林齢の異なる森林でミミズの数を数えてみることにした。調査のやり方は先述のミミズの量を調べる調査と基本的には同じなのだが、それより前に行った調査で、ミミズの数を数えるのは初めてであったため、今から思えばずいぶん労力をかけていた。まず、全部で十七地域の林齢の異なる森林を選び、一地域につき九か所、林床に五十センチメートル四方の枠を設置した。その中を深さ約十センチメートルまでスコップで掘り下げて、そこにいるすべてのミミズを数えた。このスコップで掘る作業がたいへんで、九か所×十七地域、計百五十三か所での作業が終わるころには右手が腱鞘炎になっていた。

そうして数えたミミズの数と林齢の関係は明白な傾向を示しており、林齢が高い森林ほど多くのミミズがいるという結果になっていた（図4・25）。予想通り、林齢の高い森林はオオトラツグミの雛の食べ物が豊富だ

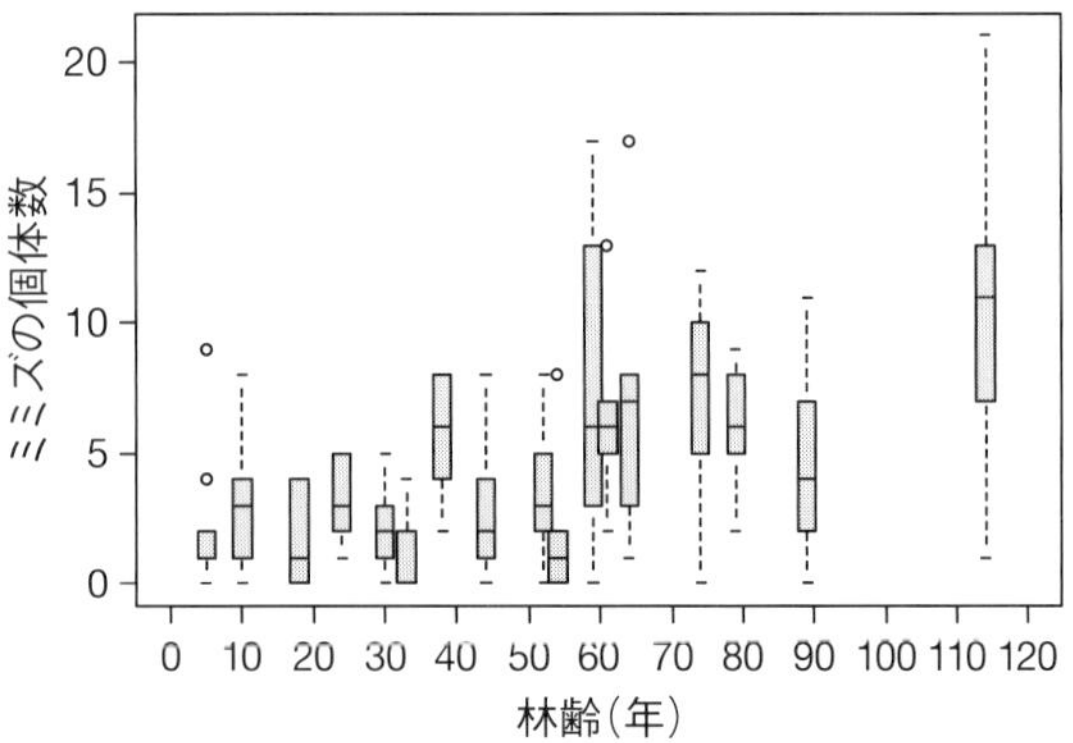

図4・25　林齢の異なる17地域で数えたミミズの数の箱ひげ図．1つの地域にはそれぞれ9か所の調査地点が含まれる．林齢の高い森林の方がミミズの数が多いことがわかる．Mizuta (2014a) を改変

ったのである。「常緑広葉樹林の奥深くでひっそりと」繁殖するのは、奥深い森林に雛の餌となるミミズが多いからなのだ。

ただし、ミミズの多さは林齢だけで決まっているわけではない。たとえば同じ森林の中でも、五メートルの間隔をあけるだけで劇的に数が違ったりする。ミミズの多寡に影響を与える要因がなにかまだよくわからないが、腐葉土の多さとか林床の湿り具合とか、そういった要因が本質的に重要なのだろう。ミミズの分布に影響を与えているのはそういった要因であり、高齢林は相対的にそのような条件がそろっている場所ではないかと考えられる。そして、若い森林でも条件がよければミミズが豊富な場合もあるのだろう。比較的林齢の低い森林で見られるオオトラツグミの巣の近くには、そのような条件がよくてミミズの多い場所があるに違いない。

もはや「幻の鳥」ではない

一斉調査や補足調査で示されたように、オオトラツグミの個体群は近年回復傾向にある。では、推定されたオオトラツグミの個体数、千八百九十羽から最大で五千二十四羽というのは、客観的に見て多いのだろうか、少ないのだろうか。そして、オオトラツグミは依然として絶滅危惧種であり、「幻の鳥」と呼ぶべき存在なのだろうか、それとも絶滅の危機からはすでに脱しているのだろうか。ＩＵＣＮのレッドリストにおける「カテゴリーと基準」に照らして、このことを考えてみよう（ここではＩＵＣＮが二〇〇一年に発行した「カテゴリーと基準３・１版」の邦訳版を参考にしている。この邦訳版は一般財団法人自然環境研究センターのウェブサイトからダウンロードできる）。

ＩＵＣＮのカテゴリーでは、いわゆる絶滅危惧種は「深刻な危機」、「危機」、「危急」の三つに分けられており、それぞれに当てはめるべき基準が設けられている。この基準は、個体群サイズが減少していないか、分布の面積がどれくらいで、それが狭まってはいないか、個体数はいかほどかなど、細かく規定されている。もし、ある種（亜種でもよい）が絶滅危惧種か否かを査定したいのであれば、絶滅危惧種の中ではもっとも危険性の低い「危急」の基準、とりあえずこれに照らして調べればよい。「危急」の基準をクリアしていれば、その種（亜種）は「危急」ではない、つまり絶滅危惧種ではないと考えてよいだろう。オオトラツグミははたしてどうだろうか。

ＩＵＣＮの基準では、ある種（亜種）の成熟個体の数が千羽未満であれば、有無をいわさず「危急」のカテゴリーに分類される。オオトラツグミは、推定結果を信じるならば千羽はゆうに超えている。また、成熟個体が一万羽未満で、かつそれが連続的に減少していれば、やはり「危急」に分類される。オオトラツグミの成熟個体は一万羽にはとても届かないが、一方で、一斉調査や補足調査の結果を見る限り、現時点では連続的に減少していることを示す証拠はない。むしろ増加傾向にあるといってよいだろう。かつてはいなかった場所でもオオトラツグミのさえずりが確認されるようになっていることを考えると、分布域（生息可能な地域）も狭まってはいない。今後、かつてのように森林伐採が急激に進行したりすれば成熟個体の連続的な減少も生じるかもしれないが、今のところその心配はないだろう。こうして考えると、オオトラツグミは「危急」であるとはいえず、したがって「もはや絶滅の危険は少ない」と考えてよいのかもしれない。

もちろん、オオトラツグミが絶滅危惧種かどうかを決定するのはわたしの役割ではない。わたしの役割は、それを決めるための判断材料を提供することである。しかし、判断材料となる個体数推定の値は大きくは間違ってはいないだろうし（少なくとも千羽に満たないということはないと断言できる）、把握できていないところで個体群の減少が進んでいるということもないだろうから、現状が続けば、オオトラツグミはいずれ絶滅の危険は少ないと判断されるようになるはずだ。絶滅危惧種が増加している今日において、これは稀有なことであり、たいへん喜ばしい傾向というべきだろう。

ただし、奄美大島という一つの島にのみ生息しているということは、IUCNのカテゴリーと基準に書かれている〝起こる確率は低いが、起きたとすれば深刻な結果を招く出来事（カタストロフ）を被るリスクのある分類群〟であるといえるかもしれない。たとえ個体数がある程度いて絶滅の危険性が少ないとしても、個体群のモニタリングは継続して行っていく必要がある。

絶滅危惧種かどうかの判断はともかく、わたしが一つ確信を持っていえるのは、オオトラツグミはもはや「幻の鳥」ではない、ということだ。これは、かならずしも個体数が増えたとか分布が広がったとかいうことを指していっているわけではない。もちろんそれもあるが、それとは別にもっと重要なのは、これまでオオトラツグミを「幻の鳥」たらしめていた多くの謎が、徐々にではあるが解明されてきたということを意味している。確かに、今でも「声はすれども姿は見えず」であることに変わりはなく、懸命に探してもなかなか目視できない鳥であることは確かだ。また巣を見つけるのも簡単ではないため、研究対象としては非常に扱いにくい鳥であることは間違いないだろう。しかし、奄美野鳥の会の会員や石田 健さんをはじめとする多くの人たちの努力によって、この鳥の個体群の動態は着実に把握されているし、十年かけてわたしが取り組んできたことで、基本的な生態は少しずつ解明され始めている。まだまだわからないことも多いが、少なくとも十年前のように、それを目の前にして途方にくれてしまうような鳥ではなくなった。対象が「幻の鳥」であるかどうかは、単に数が多いか少ないかということだけで決まるのではない。その対象について、わたしたちがなにを知っており、なにを知らないかをきちんと把握できていれば、その相手はもう「幻」ではないのだ。

コラム　奄美大島の恐ろしい動物

奄美大島でもっとも気をつけなければならない動物といえば、なんといってもハブである（図4・26）。それほど頻繁に見かけるわけではないけれど、人里から森の奥まで、海岸から山の上まで、ハブはどこにでもいる可能性がある。奄美大島ではよく道端に柄の部分を赤く塗った棒が立てかけられているが、これは「用心棒」といって、ハブが出てきたときに対処するためのものである（図4・27）。実際、わたしは奄美野生生物保護センターから徒歩三分の自宅に帰る途中でハブに出くわしたことがあり（このハブは剥製となって奄美野生生物保護センターに展示されている）、人家の近くだからといってまったく油断はできない。

図4・26　調査中に森の中で見かけたハブ

図4・27　道路脇に置かれたハブ退治のための用心棒．奄美野生生物保護センターの近くでも見られる

調査で森に入っているときも、当然ハブに遭遇することがある。自分が歩いている数歩先にとぐろを巻いているハブを見つけると、たとえ十分距離が開いていたとしても、ぎょっとして思わず後ずさりしてしまう。それほどハブの存在感と迫力は絶大だ。またハブは木に登るのも得意で、ときおり樹上で見かけることもある。一度、数メートル先の木の上でガサッと音がしたので見ると、樹上でハブが鎌首をもたげ、やる気に満ちた表情でこちらを見ていることがあった。明らかに攻撃が届く距離ではなかったにもかかわらず、このときは驚いて思わず転げるように後退した。森の中では、したがって、歩くときはつねに足元と体の周りに目を配りながら歩き、遠くを見回すときにはかならず立ち止まってから見回す、という基本動作を心がけている。そうして注意しているおかげか、これまで決定的に危険な目にはあったことはない。そのため、自分はかなり注意しながら歩いている方だと自負していた。

しかし、最近その自負が打ち砕かれる出来事があった。奄美野生生物保護センターに実習に来ていた大学生とともに森の中を歩いていたときのことだ。途中でマングース捕獲用のわながあったので、その説明をひとしきり行い、さて移動しようとすると、学生が「あっ、ヘビ」という。指差す方を見ると、わたしが立ち止まっていた場所の一メートルほど先で、小さめのハブがとぐろを巻いているではないか。そいつは明らかに「今日のところは勘弁しといてやる」と余裕の表情をしていた（ように感じられた）。奄美大島の森を初めて歩く学生が見つけ、わたしが見落としていたのだから、注意しているつもりでも、ハブの存在に気づかずに接近してしまっていたことがこれまでにもあったに違いない。考えてみれば、オオトラツグミの巣探しなどに熱中していると足元の確認がおろそかになっていることもないわけではない。より一層の注意が必要だと肝に銘じた出来事だった。

ハブほど危険ではなくとも、不快に感じる動物はたくさんいる。蚊やブユ、ダニなど、吸血する動物がそうだ。蚊は真冬を除き一年中いるし、ブユはとくに梅雨時、ミミズの調査のために森の中で地面を引っ掻き回したりしていると、そこからわっと飛び出して体中にまとわりついてくる。どちらも鬱陶しいことこの上ない。それでも蚊やブユに対しては虫除けスプレーがある程度有効だから我慢できる。問題はダニだ。二月から三月ごろに森の中を歩いている

図4・28　衣服についたダニをガムテープでとったところ．テープ表面の小さな点がすべてダニである

と、奄美大島で〝ヌカダニ〟と呼ばれているごく小さなダニが服やズボンにたくさんつくことがある。おそらく葉っぱなどにくっついていて、恒温動物がそばを通ると熱を感じてぱっと飛びついてくるのだろう。針の先くらいの小さな黒い点が服やズボンに無数に散らばっているのに気づくと、もうそれだけで気分が萎えてしまう。そんなときは、持ち歩いているガムテープで衣服についたダニをペタペタとることになる（図4・28）。しかしそれですべてとりつくすことなどまずできない。ガムテープを逃れて衣服の下に侵入するやつがかならずいて、たちの悪いことに、そいつはあっちで刺し、こっちで刺しを繰り返しながら体中を移動していく。そして行き着く先は、体の中心部というかなんというか、つまり局部である。まるで「すべての道はローマに通ず」とでも思っているかのように、最終的には確実にそこにたどり着くのだ。そうなると、その晩は風呂場で一人しゃがみこみ、我がローマ周辺に潜むダニを黙々と探索する羽目になる。なんとも惨めな気分だ。

さらに厄介なのは、自分の体だけでなく、ダニが他人にも移ることだ。まだ乳児だったころの息子の頬にダニが歩いているのを見つけたときには戦慄した。妻から大いに叱責を受けさらに戦慄。それ以来ダニをつけて帰ると、妻はわたしをダニ以下のものを見るような目つきで見、玄関を入る前に外ですべての服を脱ぎ捨てよ、そしてそのまま風呂場に直行せよ、と無体な命令をするようになった。持っていると妻からダニ以下の扱いを受けることになるこの小さな動物は、考えようによってはハブ以上に恐ろしい存在かもしれない。

第5章
オオトラツグミと奄美大島のこれから

オオトラツグミがよく出現する落ち葉の積もった林道

ここまで述べてきたように、オオトラツグミの基本的な生態は解明されつつあり、ある程度妥当であろう個体数も推定できた。また、オオトラツグミの個体群は近年回復傾向にあり、分布が広がっていることも、モニタリング調査の積み重ねにより確認された。この鳥の分布には林齢や広葉樹林の面積といった生息環境の質が影響しており、またマングースが多いときにはその影響を受けていた可能性も示唆された。近年のオオトラツグミの個体数の増加は、したがって森林の回復やマングースの減少に負うところが大きい。一九九〇年代、絶滅の危険性がきわめて高いと考えられていたオオトラツグミが、最近のレッドリストやレッドデータブック（環境省自然環境局野生生物課希少種保全推進室、二〇一四）で絶滅の危険性が後退したと評価されたのには、このような背景があったのだ。そして、これはオオトラツグミに限らずアマミヤマシギやアマミノクロウサギでも同様で、奄美大島の森林に生息する動物の多くは個体群が回復傾向にある。野生動物の減少や絶滅が世界的に懸念されている中にあって、奄美大島は逆に絶滅危惧種が回復している稀有な島であるといえる。

それでは、これらの動物を今後も守っていくためにわたしたちがなすべきことはなんだろうか。そもそもなんのために絶滅危惧種を守らなければならないのかといったことも、わたしたちは真剣に考えるべきかもしれない。本章では、こういったことについて述べてみたい。

さえずり調査の継続

オオトラツグミの保全を考えた場合、今後やるべきことはなんだろうか。まずは、これまで行われてきたさえずり調査の継続が考えられる。奄美野鳥の会の会員と石田　健さんが一九九〇年代に開始したこのさえずり

図5・1　オオトラツグミさえずり個体一斉調査の様子．高 美喜男氏提供

調査は、オオトラツグミの個体群の動向を把握するための優れたモニタリングとして機能している。それだけでなく、前章で紹介したように、この調査はオオトラツグミの個体数を推定したり、個体の分布に影響を与える要因を調べたりする際にも重要な役割を果たしてきた。この調査がなければ、オオトラツグミの保護増殖事業は今ほど進んでいなかったに違いない。わたしの仕事ももっとたいへんなものになっていただろう。さらに、多くの市民の参加を募って行われるこの調査は、希少種保全に関する普及啓発活動としての役目も担っている。ボランティア調査員を募って行うようになった一九九九年から現在までの間に、延べ三千人以上がこの調査に関わっている。あくまで延べ人数で、毎年参加している人もたくさんいるため実際の人数はこれより少ないけれど、それにしてもこれだけの数の人が早朝の薄暗い森に入って鳥の声に耳を傾けるという活動は、希少種保全の普及啓発に大きな効果があるに違いない（図５・１）。個体数が増加し、絶滅の危険が少なくなったとはいっても、当面、

このさえずり調査を継続し、個体群のモニタリングデータを積み重ねていくことが、オオトラツグミの保全を進める上での最重要課題といえる。

しかし、この調査にも問題がないわけではない。一つは精度の問題。研究者ではない数多くの市民が参加しているわけだから、地図を読み間違えたり、オオトラツグミではない声をオオトラツグミと判断したりすることがまったくないわけではない。これについては、調査結果の聞き取りを注意深く行って、怪しいと思われるデータは極力排除していくということで、今後も対処していく必要がある。もう一つ、これは全国各地で行われている市民参加型調査の多くで生じている宿命的な問題だと思うが、調査の担い手の高齢化である。オオトラツグミの調査を取り仕切る奄美野鳥の会の主要メンバーは、現時点ではみんな元気だけれど、今後十年、二十年と調査を継続することを考えれば、若い世代の担い手を確保することは必要不可欠な課題である。野生動物の調査に興味を示してくれる若者はなかなかいないのが現状だが、そのような若者を育てる努力も、わたしたちはしなくてはならない。ただし、これには明るいニュースもある。先にも述べた通り、最近、このオオトラツグミの調査に全国各地から大学生が参加するようになってきたのだ。そんな大学生の中から、この鳥に関心を持ち調査に主体的に参加してくれる人が現れれば、さえずり調査の未来も明るいだろう。

ともかく、奄美野鳥の会が主催するこのオオトラツグミのさえずり調査は、全国的に見てももっとも長く、もっとも大規模に行われている市民参加型調査の一つであるといえる。モニタリングの継続という意味でも、市民に対する普及啓発という意味でも、この調査は末ながく継続していく必要がある。

オオトラツグミの遺伝的多様性

前章で、オオトラツグミはもはや「幻の鳥」ではないと豪語したが、この鳥についてわかっていないことはまだまだ多い。なぜ早朝の暗い時間帯にしかさえずらないのか、その理由はまだ謎であるし、そもそもさえずるのが本当にオスだけなのかということすら確認されていない。わかっていないことだらけだといった方がよいくらいである。このような、まだ解明されていない生物学的な特性を調べるのはもちろん学問上興味のあるところであるが、それらはかならずしも直接的にオオトラツグミの保全に貢献するわけではない。「オオトラツグミ保護増殖事業」に携わるために雇われている以上、わたしが考えなくてはならないは、本種の保全を進めるために次にやるべきことはなにか、という点である。

これまで繰り返し述べてきたように、個体数の把握は絶滅危惧種の保全を考える上できわめて重要である。個体数が少ないと絶滅の危険性が高くなるし、ある程度多いとそれを安心材料として考えることができるからだ。しかし、個体数の多寡とともにもう一つ考慮すべき重要な点がある。それが個体群の遺伝的多様性である。遺伝的多様性とは「個体群内にどれくらい多様な遺伝子の変異があるか」ということであり、言い換えれば「個体群内にどれくらい多様な個性があるか」ということになる。個性とは、暑さに強いとか寒さに強いとか、特定の病気や寄生虫に強いとか、そういった例を考えればわかりやすいだろう。たとえば、再び個体数がきわめて少ない絶滅危惧種、ミナミノシマツグミを想像してみよう。ある年、ミナミノシマツグミが住む南の島を記録的な寒波が襲った。寒さを体験したことのないミナミノシマツグミの個体群は壊滅的な打撃を受けたが、その個体群の中に「比較的寒さに強い」という個性があったとする。その個性を持った個体は寒波を生き延びることができたとすれば、個体群全体として見た場合に、ミナミノシマツグミが絶滅してしまうといった事態は避けられるかもしれない。しかしそのような個性が個体群内になかったとすればどうだろう。もしかしたら、その寒波によってミナミノシマツグミは絶滅してしまうかもしれない。寒さだけでなく、暑さ、病気、寄生虫、その他さまざまな環境の変化に耐えうる個性が個体群内に備わっていれば、その種自体の絶滅の危険性は低くなる。したがって、個体数だけでなく個体群の遺伝的な多様性もまた、絶滅危惧種の保全を考える上では重要な指標なのである（浅井、二〇〇九）。

実在の鳥の例を挙げてみよう。日本の中部地方の山岳地帯にライチョウ *Lagopus muta* という鳥がいる。個体数は少なく、北アルプスと南アルプスに千七百羽ほどしかいないと推定されている。レッドリストには絶滅危惧ⅠB類として掲載されている。この鳥の遺伝子が調べられたところ、その多様性はきわめて低いことが明らかになった。ライチョウの遺伝的多様性は、北海道に生息する個体数約七百羽のタンチョウ *Grus japonensis* よりも低く、やはり北海道に生息する個体数がわずか百羽程度のシマフクロウ *Ketupa blakistoni* と匹敵する程度であったという。つまり、ライチョウは個体数から推測される以上に絶滅の危険が高い、ということが示唆されたのである（環境省自然環境局生物多様性センター、二〇〇一）。もちろん、遺伝的多様性が低いことがわかったからといって、人間がそれを高めてやることはできない。しかし、だからそれを知っても意味がないというわけではない。遺伝的多様性の程度を把握しておくことは、個体数の多寡からだけでは推測できない潜在的な絶滅の危険性を認識しておく上でたいへん重要なのだ。

オオトラツグミもライチョウと同じく絶滅危惧種だし、推定個体数もライチョウより少し多いくらいで、さほど大きな違いはない。ではオオトラツグミの遺伝的多様性はどの程度だろうか。これは現在、酪農学園大学の森さやかさんに依頼して解析を進めてもらっているところである。森さんといえば、先に述べたようにマダガスカルでお世話になっていた人で、わたしがこうして奄美大島で仕事をするきっかけを与えてくれた友人である。若いころの交友関係が、こうして現在の仕事につながっていることを考えると感慨深いものがある。それはさておき、限られた予算の中で、お願いしている以上のことを森さんにはやってもらっているが、結果が出るのはもう少し先になるだろう。しかし、かつて「五十八個体を少し上回る程度（奄美野鳥の会、一九九七）」とか「百つがい未満程度（環境省自然環境局野生生物課、二〇〇二）」などと推定されていたほど数が少なかったオオトラツグミのことだから、遺伝的な多様性も相当に低いのではないかと想像できる。もしそうだとすれば、二〇一三年の個体数が五千羽を超えると推定されているとはいえ、ライチョウの例があるようにまったく油断はできない。オオトラツグミ個体群の遺伝的多様性の把握は、したがって今後優先して進めるべき課題であろう。

オオトラツグミの分類学的位置づけ

遺伝子を用いた研究は遺伝的多様性の把握のみに有効というわけではない。近年、遺伝情報に基づいて生物の分類や近縁種との系統関係を見直す研究がさかんに行われるようになっている。伝統的に、生物の分類や系統はおもにその形態に基づいて、同種か別種か、近縁かそうでないかが判断されていた。そこに遺伝情報を加味することで、より厳密な分類や系統を把握することが可能になってきたのである。そして、この分子生物学的手法の進展によって、日本国内の鳥類の分類や系統は大きく変わろうとしている。

最近、日本列島で繁殖する二百三十四種の鳥類について、その遺伝子の特定の領域が調べられた（Saitoh *et al*., 2015）。すると、そのうちの約一割、二十四種において、これまで地理的に分布は異なるけれど形態的には大きな違いがないため同種と考えられていた個体群同士が、じつは別種といってよいくらい遺伝的に離れていることが明らかになったのである。単純にいえば、これら二十四種がそれぞれ別種として分けられたなら、日本で繁殖する鳥類の種数は一気に二十四も増えることになる。そして、この二十四種の中にはトラツグミも含まれている。つまり、我らがオオトラツグミは、九州以北に住むトラツグミと遺伝的には別種といえるくらい異なっていることがわかってきたのだ。

確かに、九州以北のトラツグミとオオトラツグミは鳴き声がまったく異なり、また尾羽の枚数にも、トラツグミは十四枚、オオトラツグミは十二枚という大きな違いがある。しかし、ユーラシア大陸に住む種トラツグミの基亜種もまた、オオトラツグミのように抑揚のある美しい声で鳴き、尾羽の枚数が十二枚であることが知られている。ということは、オオトラツグミを九州以北のトラツグミから独立させて別種とし、トラツグミを種トラツグミの亜種のままに留め置くことは、少し整合性に欠ける判断であるといえる。オオトラツグミを独立種と考えるのなら、九州以北の日本列島に住むトラツグミもまた独立種としなければならないかもしれない。実際、国際鳥類学会議が出している世界の鳥類目録ではそのような扱いになっている（Gill and Donsker, 2015）。オオトラツグミの相対的な位置づけは、トラツグミとの関係だけでなく、大陸に分布するいくつかの亜種群との関係を調べなければわからない。したがって、それが調べられていない現時点では、オオトラツグミはトラツグミとともに種トラツグミの亜種としておくべきだろう。

保全を考える場合に、その対象が種なのか亜種なのかは重要な点である。いや、本来なら種だから保全の価値が高い、亜種だから低い、ということではなく、本質的にはそのような分類は保全と関係のない話であるべきではある。しかし一般的な心情として、その対象が他の地域にいない独立種なのか、それとも他の地域にも同種が分布しているのかということは、その対象の「かけがえのなさ」のようなものを測る際にどうしても考慮したくなる判断基準であることは確かだ。したがって、オオトラツグミの保全を進める上で、この鳥が独立種なのか種トラツグミの亜種なのか、亜種だとしても九州以北のトラツグミとの関係はどうなっているのか、というような系統関係を解明することは必須の課題であるといえるだろう。これについては大陸産の亜種の遺伝子を集めることから始めなければならず、一朝一夕には進められないが、近い将来、ぜひ調べたいと思っているところである。

幻の鳥コトラツグミ

種トラツグミの系統関係の解明と関連するが、非常に気になるのが西表島のコトラツグミの存在だ。大阪市立大学の動物社会学研究室で先輩だった西海　功さん（現国立科学博物館）と、マダガスカルの調査に同行したこともある森岡弘之さん（国立科学博物館、故人）は、西表島のコトラツグミの標本を他の亜種の標本と詳しく見比べた結果、この鳥が従来いわれていたように台湾に住む亜種と同じではなく、西表島に固有の亜種であると判断し、*Z. d. iriomotensis* と命名した（Nishiumi and Morioka, 2009）。新しい亜種として記載はされたけれど、じつはこの鳥、一九八四年以降まったく目撃されていない。一九八四年に見つかった個体はオスの成鳥であるが、これも窓ガラスに衝突して死んでしまったものであるという。西表島のコトラツグミがどこでどのような生活しているのか、どんな鳴き方をするのかなど、わかっていないことばかりで、その生態は謎に包まれている。そもそも、この鳥が今も生きて存在しているのかどうかすら確かめられていないのだ。さまざまな情報にあふれたこの二十一世紀の日本で、生態はおろかその存在すら不確かな鳥がいるなんて、なんとわくわくする話ではないか。この鳥こそ、真の意味での「幻の鳥」といえるだろう。あまりに情報がないため、西表島のコトラツグミは環境省レッドデータブックでは〝情報不足〟と位置づけられている（環境省自然環境局野生生物課希少種保全推進室、二〇一四）。西表島の面積は二百八十九平方キロメートルで、奄美大島の半分にも満たない。たとえコトラツグミが存在していたとしても、その個体数はオオトラツグミよりはるかに少ないに違いない。オオトラツグミの研究者としては、いつかこの鳥についても調べ、絶滅危惧種としてきちんとランクづけをしてやりたい、もしすでに絶滅しているのなら、それを確認して引導を渡してやりたい。そんなふうに考えているが、奄美大島を離れて調査をすることがなかなかできないため、そこまでは手が回らないのが現状である。

ここまで西表島に生息するという亜種コトラツグミについて述べてきたが、ややこしいことに、台湾に生息する亜種にも、これと同じ「コトラツグミ」という和名が与えられている（この亜種は *Z. d. horsfieldi* であるとも *Z. d. dauna* であるともいわれている）。学名と異なり、和名を決める際には厳密な規則や決まりごとはないが、このままではややこしいのでいずれ和名も整理しなくてはならないだろう。とりあえずここでは「西表島のコトラツグミ」、「台湾のコトラツグミ」と表現しておくが、この台湾のコトラツグミについて、以前いっしょにコシジロキンパラの調査をした台湾特有生物研究保育中心の林　瑞興さんと彼の同僚の林　大利さん（同じ姓だが血縁関係はないそうだ）、国立台湾大学実験林の呉　采諭さんらが、最近調査を開始している。彼らが

図5・2　台湾に住むコトラツグミ．呉 采諭氏提供

撮影した写真を見る限り、台湾のコトラツグミはオオトラツグミや九州以北のトラツグミと模様はよく似ているものの、茶色の部分の色彩がずいぶん濃いようである（図5・2）。林さんらはこれまで見つかっていなかったこの鳥の巣を探索し、二〇一五年についにそれを発見した（林 大利、私信）。彼らによると、台湾のコトラツグミの巣は非常に大きなスギ *Cryptomeria japonica* の枝に着生したカザリシダ *Pseudodrynaria coronans* の中に作られており（オオトラツグミの巣がシマオオタニワタリの中にあるのと同様だ）、地上からの高さは約十五メートルだったそうだ。見つけたとき巣の中には三羽の雛がいて、その後無事巣立ちが確認されたという。巣の中を見るのにも、木によじ登ってザイルでぶら下がる必要があり、オオトラツグミに比べると調査はかなりたいへんそうである。しかし彼らの調査によって、台湾のコトラツグミについてはこれから徐々に生態が解明されていくだろう。形態や遺伝子だけでなく、その生態も比較することは、近縁種の系統関係を調べる上で重要であるため、

今後の林さんたちの調査の進展に期待したいところである。西表のコトラツグミについても同様にだれか調べてくれる人がいればいいのだが。

オオトラツグミは守るべきか

ここまでオオトラツグミの保全のために調査を進めるのが当然のことのように話を進めてきたが、そもそもなぜオオトラツグミを守る必要があるのだろうか。わたしはオオトラツグミを守る仕事をしているのだから、守る必要なんてないよ、ということになってしまったら自分の存在意義が揺らいでしまう。ここまで書いてきて今さらという感じもするが、希少種、絶滅危惧種と呼ばれる生き物を守ることにどのような意味があるのか、自分の存在意義を確認するためにも、今一度きちんと考える必要があるだろう。

一般に、希少種や絶滅危惧種を含む多様な生物が存在しているさまは、「生物多様性」という言葉で表現される。この生物多様性を守る理屈として用いられるのが、「生態系サービス」という概念だ（表5・1）。生物の中には、食べ物や医薬品など、さまざまな形でわたしたち人間に利用されるものがある。また、森の木々が崖崩れを防いだり、サンゴ礁が高波を穏やかにしたりといったように、災害からわたしたちの生命や財産を守ってくれるものもある。その存在自体がリクリエーションや観光、あるいは教育や研究の対象となっている生物もいる。わたしたちが生きていくのに必要な酸素を作り出しているのも、わたしたちの排泄物や他の生物の遺骸を分解してくれるのもまた生物だ。生物は、わたしたち人間になくてはならない「サービス」を無償で提供してくれているのである。この「無償で」というところが重要で、このようなサービスを人間が代わりにや

表5・1　多様な生物をはぐくむ生態系からわたしたちが得ている恵み（生態系サービス）の例．環境省生物多様性センターのウェブサイトより改変して引用

生態系サービスの分類	
供給サービス	食料（例：魚，肉など） 水（例：飲用，灌漑用など） 原材料（例：繊維，木材など） 遺伝資源（例：農作物の品種改良など） 薬用資源（例：薬，化粧品など） 鑑賞資源（例：工芸品，観賞植物など）
調整サービス	大気質調整（例：ヒートアイランド緩和など） 気候調整（例：炭素固定など） 局所災害の緩和（例：暴風や洪水の被害の緩和など） 水量調整（例：排水，灌漑など） 水質の浄化 土壌浸食の抑制 地力の維持 花粉の媒介 生物学的コントロール（例：種子散布など）
生息・生育地サービス	生息・生育環境の提供 遺伝的多様性の維持
文化的サービス	自然景観の保全 レクリエーションや観光の場と機会 文化，芸術など 神秘的体験 科学や教育に関する知識

ろうとすると膨大な費用がかかってしまう。それどころか、人間が肩代わりすることが不可能なサービスも数多くある。生物多様性は、つまり人間が生きていく上でたいへん役に立っている、だから守らなければならない。生態系サービスとはこういう理屈である。これは非常に説得力があり、生物多様性保全の重要性を訴える上で有効な論理であるといえる。では、オオトラツグミはどうだろう。オオトラツグミはわたしたちにどんなサービスを提供してくれているのだろうか。

生態学に携わる者としては、オオトラツグミが生態系で果たしている役割を調べ、この鳥がいなくなったときに生態系のバランスがどのように変化し、人間の生活にどんな影響が及ぶのかを予測することで、この鳥が絶滅することに対する警鐘を鳴らす、というのが正しい方向性だろう。しかしオオトラツグミ

がいなくなっただけで、奄美大島の生態系のバランスが大きく崩れるようなことがはたしてあるのだろうか。結果がわからない以上、軽々しく憶測を述べるのは控えるべきだが、印象としては、この鳥がいなくなるだけで生態系に大きな変化が起こるなんてことはあまりなさそうに思える。そもそもオオトラツグミは一九九〇年代には絶滅寸前とまでいわれるほど数を減らしたが、このときの個体群の減少により生態系になんらかの悪影響があったという証拠は見られない。つまり、現時点でオオトラツグミが生態系のバランスを保つサービスを担っているとは、ちょっと考えにくいのだ。つまり、生態学的な観点からは、オオトラツグミの重要性を説明するのは少々困難であるといわざるを得ない。

加えて、オオトラツグミを食べたり、化粧品かなにかに利用したりする人もいないので（昔は食べていた人もいたかもしれないけれど）、この鳥が人間に役立つものを供給するサービスを提供しているわけでもない。人間の役に立つか立たないか、経済的価値があるかないかと問われれば、オオトラツグミは残念ながらあまり役に立つとはいえず、経済的な価値があるともいえない。

ただし、一年に一度行われるオオトラツグミのさえずり調査に参加して、その美しいさえずりを楽しむ人はいる。オオトラツグミの姿を探し求め、観察できたら喜びを感じる人も、人口の比率からするとごく少数ではあるが存在する。世界でたった一人だけれど、オオトラツグミを調査して給料をもらっている人間もいる（わたしだ）。文化的なサービスという意味では、きわめて限定的ではあるが、オオトラツグミはわたしたちにサービスを提供してくれているといえるかもしれない。

しかし、再度意地悪く問いかけよう。そんなわずかなサービスのために、オオトラツグミを守る必要は本当にあるのだろうか。

それでもオオトラツグミは守るべきである

オオトラツグミを守るべきか否かといった価値判断は、じつは科学者が行う作業ではない。科学とは価値判断をするものではなく、価値判断の材料を提供するものである。たとえば、最近は事件の犯人を特定するのにDNA鑑定が用いられる場合があるが、このとき科学が行うべきは、あくまで鑑定結果を提示することまでで、それに基づきだれが犯人かを判断するのは別の作業である。わたしも科学を行う者の端くれを自認している以上、オオトラツグミを守るべきかどうかの判断はひとまず控え、その判断材料の提示のみをこれまで考えてみた。しかし、今のところ、守るべきだとする説得力のある科学的根拠は見出せていないのは上述した通りだ。保全に関わる研究者として、今後も判断材料は探り続けなければならないが、万人を説得できるような答えは、もしかしたら科学では見つからないのかもしれない。

そこで、いったん研究者という立場から離れて、一個人としてあえて価値判断を述べたいと思う。「オオトラツグミは守るべきである」と。そこに科学的根拠はない。科学的ではないけれど、その理由をわたしは以下のように考えている。

一年に一度、オオトラツグミのさえずり調査にボランティア調査員として参加し、その美しいさえずりを聞くことに幸せを感じる人がいる。他人から変わり者といわれながらも、オオトラツグミやその他珍しい鳥の姿を探し求める人がいる。オオトラツグミのことをもっとよく知りたいと日夜調査をしている人間もいる（わたしだ）。オオトラツグミは、存在するだけで、少数派かもしれないけれどこういう人たちにささやかな喜びを提供している。そこから大きな経済効果が生まれることはないが、だからといってその存在に価値がない、まったく意味がない、というわけではない。役に立たない、経済的価値のないオオトラツグミは絶滅したって一向にかまわない、と判断する社会は、そのような少数派の人間のささやかな喜びをないがしろにする社会だ。そんな社会が果たして住みよいだろうか。世の中にはさまざまな価値観が存在する。オオトラツグミのような絶滅危惧種を守るというのも、科学的な根拠は示せないかもしれないけれど、ある一つの価値観である。さまざまな価値観を認めずに、多数派を占める価値観、たとえば効率とか経済的価値のみを重視するような社会は、けっして住み心地がよいとはいえないだろう。少数派の意見を尊重するのは、なにもその少数派の人たちのためだけではない。ある部分では多数派に属している人でも、別のある部分では少数派に属することだってあるかもしれない。少数派の意見を尊重するのは、その「別のある部分」で自分が少数派に回ってしまったときに、自分の意見をないがしろにされないための予防策であり、お互いに住み心地のよい社会を作るための契約のようなものだ。

オオトラツグミの声を聞くことに、姿を見ることに、その知られざる生態を調べることに喜びを見出す人は、おそらく五十年後、百年後にもいるに違いない。その喜びを五十年後、百年後の人たちにも残しておこうと普通に思える社会の方が、わたしたちは幸せに暮らしていけるはずだ。希少種や生物多様性を保全することは、つまりはそういうささやかな喜びを守り、生活を豊かにし、社会を住みよくすることにつながるのではないかと思う。

もう一つ、オオトラツグミを守るべしと主張する理由を述べておこう。オオトラツグミという鳥がいつごろ誕生したのか正確にはわからないが、中琉球が大陸から分離したのが約百七十万年前、奄美群島と沖縄諸島が別々の島に分かれたのは百万年ほど前とされているから、この島の個体群が奄美大島に形成されたのはそれ以

図5・3　くちばしの脇がまだ黄色いオオトラツグミの幼鳥．初夏から夏にかけて，警戒心の薄いこのような幼鳥を林道上で見かけることがある

降のことだろうと考えられる。オオトラツグミは、ざっと百万年の歴史を持つ存在なのだ。もちろん百万年前にオオトラツグミが唐突に出現したわけではなく、そのご先祖様は、それこそ生命誕生の時代にまでさかのぼることができる。オオトラツグミは、いやわたしたち人間も含めたすべての生物は、長い長い生命の歴史の末端にいる、進化の最前線を生きる存在なのだ。そう考えると、いかなる生物であっても、わたしたちの代で絶滅させてしまうのはとんでもなく重大な誤りではないかと思えてくる。それは、世界最古の木造建築とされる法隆寺を壊してしまうのに匹敵する（もしくはそれ以上の）犯罪的行為かもしれない。生物多様性保全にはその〝歴史的価値〟を尊重するという意味合いもあるのだ（平川・樋口、一九九七）。

奄美大島の森では、夏ごろに運がよければその年生まれのオオトラツグミの若鳥を見かけることがある。まだ警戒心が薄いのか、ゆっくり近づくと数メートルの距離まで近寄ることができる（図5・3）。この少々頼りなげな若鳥が、オオトラツグミという鳥の歴史の最前線にいることを思うと、理屈はどうでもいい、とにかくこいつが途方もなく大切な存在のように感じられて、いとおしくなる。それを守ろうとするのは、人間としてごく自然な感情ではないだろうか。

オオトラツグミを守るコスト

一方で、オオトラツグミを守ることで失われるもの（ここでは〝コスト〟と表現しよう）があることも忘れてはならないだろう。たとえば、奄美大島の生態系を回復させるためのマングース防除事業は、オオトラツグミのためだけに実施されているわけではないにしても、莫大な税金を使って進められている。また、マングース防除事業に比べればはるかに額は少ないが、オオトラツグミの保護増殖事業にも税金が使われている。わたしの給料の出どころだって税金だ。オオトラツグミを守るのも無料ではない。相応の経済的コストがかかっているのである。

奄美大島で過去に行われた大々的な森林伐採がオオトラツグミの生息環境を奪ったのは確かであり、この島を守るためには森林伐採を制限するのが有効であることは間違いない。しかし、森林伐採が全面的に悪という考え方も、わたしたちは見直さなければならないかもしれない。林業が衰退するということは、それに携わる人の数も少なくなる、つまり雇用が失われるということも意味する。また、山で働く人は一般に信心深く、奄美大島の山の中には神様が祭られている場所がたくさんある（図5・4）。林業の衰退によって、それにまつわる習慣や祭事といった文化もまた、人知れず失われているのかもしれない。オオトラツグミを守るために林

図5・4　奄美大島の森の中にある山の神の碑．この写真の神様が林業と関係あるものかどうか定かではないが，お参りの跡があるところを見ると，山の神を祭る習慣は今でもひっそりと続いているのであろう

業を抑制することで、雇用が失われたり文化が消失してしまったりするのは、ある意味では社会的なコストであるといえる。

奄美大島で切られた木は、現在はおもに紙の原料となるチップに加工されている。オオトラツグミを守るために奄美大島で森林伐採を制限すれば、同じ量の紙を生産するために他のどこかの地域で森林が余計に伐採されることになる。そして奄美大島の代わりに伐採されたその森林にも、もしかしたらオオトラツグミのような絶滅危惧種が生息しているかもしれない。あらゆる地域の絶滅危惧種を守るためには、わたしたちは紙の消費量を大幅に減らし、場合によっては今より不便な生活を受け入れる覚悟が必要だろう。オオトラツグミを守るのは、そのような個人の生活レベルでのコストも伴うことなのかもしれない。

さて、オオトラツグミを守るべしと主張するからには、これらのコストにもきちんと目を向ける必要がある。まず経済的なコストであるが、これはもう、社会に対してそのくらいの出費は許しましょう、許してください、と訴えるしかない。先に「経済的価値のみを追求するような社会は、けっして住み心地がよいとはいえない」とえらそうなことを述べたが、経済的な事情をまったく無視して浮世離れした政策を推し進めるのは明らかに問題があるだろう。オオトラツグミを守るために税金が使われるのであれば、その使われ方は効率よく、無駄のないものでなければならない。そして、もしオオトラツグミがもはや保護増殖事業の必要がないほど絶滅の危険性が低いと判断されるようになったのなら、それ以上の税金をこの鳥に使うことはやめるべきである。それはすなわちわたしの仕事がなくなることを意味するかもしれないが、それはそれでしかたのないことだ。

林業の衰退による社会的なコストについても、真剣に考えなければならない。森林伐採というとどうしてもよい印象は持たれないが、現実問題としてわたしたちが木材資源に依存して生活している以上、それは必要悪（と書くと林業関係者によく思われないかもしれないが）であるといえる。したがって、問題にすべきは生物多様性を維持しつつ森林施業を継続することは可能か、ということだ。その問題の解決には生態学者が活躍できる場があるはずである。具体的になにかアイデアを持っているわけではないが、森林施業が生物多様性に与える影響を客観的に評価する方法を、わたしたちは考える必要がある。たとえば、伐採後の年数の異なる森林で、そこに生息、生育する生物がどのように異なっているのかをきちんと調べるといったことも重要であろう。森林伐採の是非はそういった評価の上で判断すべきだ。「開発か保全か」といった二項対立的な議論はもう忘れてしまおう。環境に配慮しない開発なんてあってはならないが、一方で声高な自然保護論は（ときに重要であるけれど）多くの場合反発を招くだけだ。目先の利益や感情に流されることなく、開発と保全のバランスを客観的に考えることが、二十一世紀を生きるわたしたちには求められている。そしてその客観性は、科学がもっとも得意とするところのはずである。

個人の生活レベルでのコスト、これはオオトラツグミの保全にとどまらず、地球環境全体の保全に関わっている。自宅や職場でプリンタやコピー機が手軽に使えるため、わたしたちはついつい簡単に印刷をしてしまうが、その紙の使用は本当に必要なのか、プリンタやコピー機のスタートボタンを押す手をしばし止めて、熟考する必要があるだろう（そう言いつつ、今読んでもらっているこの本にも紙は使われている。「紙の無駄」と批判されないような本になっているだろうか）。もちろん紙だけではない。これはあらゆる資源についていえることである。便利で快適な生活の後ろには、かならず環境に対する負荷が隠れている。その負荷を軽減するためにも、多少の不便は甘受したり、不便を不便と感じないような暮らし方を確立したりする努力が、わたしたちには必要なのかもしれない。

とにかく楽しい研究を

面倒な理屈ばかりとうとうと述べたので、ちょっと違う話をしよう。オオトラツグミの保全を進めるために雇われている以上、つねに「保全」というものを念頭に置いて研究を進める必要があるが、わたしはもともと行動学や行動生態学といった分野の研究を行っていたから、かならずしも保全と関わりがないこのような分野の研究にも当然関心がある。オオトラツグミの調査を進めるうちに、いろいろと疑問が出てきたり、興味深く思える研究課題が思い浮かんだりする。まだデータを取り始めてすらいない課題もあるのであまり具体性のある話はできないが、実行に移していない研究のテーマをあれこれ考えているときが、じつは研究のもっとも面白い段階の一つだ。森の中でオオトラツグミのさえずりを聞きながら、ああでもないこうでもないと今後行うべき研究について妄想するのは、現実的な調査の苦労に直面していない分、とても楽しいひとときなのである。

ただし、「その研究は保全に役に立つの？」と問われれば、「いえ、直接的には役に立たないかもしれません」と答えねばならない。でも、直接的にはなんの役にも立たないけれど、間接的には少しは役に立つかもしれない。オオトラツグミという鳥は、天然記念物であり国内希少野生動植物種であるが、悲しいかなその知名度はとても低い。同じ肩書きを持つアマミノクロウサギが奄美を代表する動物であるのに、この彼我の隔たりはなんだろう。オオトラツグミについて、とにかくなんでもいい、楽しい研究をしてそれを公表することは、オオトラツグミの知名度を上げる程度には役に立つだろう。知名度を上げるということは、すなわちこの鳥の保全への関心を高めることにつながるに違いない。保全と関係の薄い研究ばかりを行うつもりはないけれど、そのような「直接役に立たない」研究を行うのも、案外重要なことかもしれない。

「研究がなんの役に立つのか」という議論には、学生のころから頻繁に直面してきた。行動学や行動生態学といった学問は、一般的な意味で「役に立つ」分野ではない。学生のころは、そういう役に立たない研究を行っていることを半ば誇りのように思っていた。役に立たないけれど、自分の研究の成果は人類の知的財産なのだ、これを面白いと思ってくれる人は、人類の中にきっと数人はいるに違いない、とうそぶいていればそれで満足だった。その気持ちは基本的には今でも変わらない。しかし、私財を投じて研究をしている人以外は、だれもが多かれ少なかれ公的な資金を得て研究を続けているものだ。そうであれば、研究成果をなんらかの形で社会に還元することはやはり必要なのではないか。環境省という公的機関に所属して研究を行うようになって、そういうことを強く意識するようになった。その還元のしかたはいろんな形があってよいと思う。上述したように、研究の面白さを公表してその対象への関心を高めるというのも、立派な還元の方法だろう。先に紹介した『奄美群島の自然史学』を編集したのも、成果の社会への還元が、研究を行うことの目的の一つと考えたためである。そして今読んでもらっているこの本も、公的なお金を使って進めているオオトラツグミの研究を少しでも社会に知ってもらうべく書いているつもりである。本書を通じて「オオトラツグミ」という名称が少しでも社会に浸透すれば、苦労して執筆する甲斐もあるというものだ。

コラム　ローカルでスペシフィックな研究

本を書くというのはもちろん研究成果の公表の方法の一つだが、研究者がまず行うべきは論文を書くことである。世の中には論文を掲載する学術雑誌がたくさんあり、研究者は自身の研究の内容やレベルに合った雑誌を選んで論文を投稿する。投稿論文は編集者と複数名の査読者による審査を受けるため、独り善がりな内容ではまず掲載してもらえない。審査の結果、うちの雑誌では受け入れられないと却下される場合もあれば、掲載するためには大幅な書き直しが必要、と改稿を要求される場合もある。そういう厳しい審査の過程を経ることで、学術雑誌に掲載された論文は、その内容の客観性が（ある程度）担保されるのだ。

ところで、わたしは自分の論文では少々手が届かないかな、というレベルの雑誌を投稿先としてつい選んでしまうところがあり、その結果としてこれまで掲載を却下された多くの経験を持っている。少し前に出版したアマミヤマシギの論文（Mizuta, 2014b）も同様で、最初はレベルの高い雑誌に投稿したのだが、「ローカルでスペシフィックな研究だ」という理由によって却下の判断を受けた。これは、文字通りとれば「一地方に住む一つの種についての研究だ」という意味になる。奄美大島という地方で、アマミヤマシギという特定の種について研究した結果なのだから、その内容が「ローカルでスペシフィック」なのは当たり前だ。そんな理由で拒絶するなんて、自分のような研究者はレベルの高い雑誌に投稿するなということなのだろうか。当初はそう考えふてくされた気分になったのだが、よくよく考えればその雑誌にも一地方に住む特定の鳥に関する研究は数多く掲載されている。この場合、「ローカルでスペシフィックな研究」はもう少し一般的な意味として捉えるべきであろう。すなわち、「興味の範囲が限定された特殊な研究」くらいだろうか。「ローカルでスペシフィック」という文言は、その雑誌のレベルに達していない投稿論文を体よく却下する際の常套句といってよいかもしれない。そう考えると、確かにわたしの研究は（奄美大島での研究に限らず、本書の前半で見てきたそれ以前の研究でも）幅広い関心を得られるような一般的な内容ではなかったということに、今さらながらに気づく。

一応付け加えておけば、わたしは「ローカルでスペシフィック」であることが研究として劣っているとはあまり思わない。とくに保全を考える際には「ローカルでスペシフィック」な研究自体が求められるということもある。しかし、そのような研究ばかりを行って満足するのではなく、やはり一般的な関心が得られるような幅の広い研究を志すことも、一方では必要であろう。奄美大島という一地方に住む固有種の研究を、グローバルでジェネラルな関心が得られるような研究として位置づけること。なかなか難しくはあるが、それはつねに意識しながら研究を進めていきたいものである。

余談であるが、論文を却下された経験の多いわたしは、却下の常套句もよく知っている。よく用いられるのは「この雑誌にはよい論文が掲載できる以上に投稿されている」という言い回しだ。あなたの論文もいいのですが、と匂わせつつ（けっしてそうは言っていないことに留意）結局は拒否している、なかなか高度なテクニックだ。これは、学問の世界だけでなくビジネスシーンでも十分応用可能であろう。たとえば箸にも棒にもかからないような営業を受けたとき、「弊社はたくさんのすばらしい企業から受け入れられる以上のオファーをいただいているので、残念ながら御社のお申し出は断らざるを得ません」と言えば、相手の気分をそれほど害さず拒否することができるだろう。そつのないビジネスマンならすでに使っているかもしれない。日常生活でも応用できる。男性からしつこい誘いを受けている女性は、その男性に「たくさんの素敵な殿方からお付き合いできる以上のお申し込みをいただいているの」とでも言ってやればよい。女性を袖にしたい男性も使ってはどうだろう。「たくさんの素敵な女性に言い寄られているので君とは付き合えない」。もちろんその結果どうなるかまでは保証はしない。

奄美大島、その顕著な普遍的価値

最後に、これからの奄美大島について書いておきたい。

平成十五年、環境省と林野庁により「世界自然遺産候補地に関する検討会」が開催され、すでに世界自然遺産に登録されている屋久島と白神山地に続き、国内で世界自然遺産になりうる地域はどこか検討が行われた。その結果、登録の基準に合致していそうだと結論づけられたのが、知床、小笠原、そして奄美大島を含む琉球列島の三地域だ。その後、平成十七年には知床が、平成二十三年には小笠原が、それぞれ世界自然遺産に登録されたのはご存知の通りである。では残る琉球列島はどうか。残念ながら琉球列島はまだ世界自然遺産には登録されていない。それは、独自の生物の進化をはぐくんできた生態系と世界的に見ても貴重な生物多様性を守るための保護担保措置が、まだ十分にとられていないためだ。しかしその後、登録に向けた準備が本格的に開始され、平成二十八年現在、この地域は「奄美・琉球」という名称で、「世界遺産暫定一覧表」に記載されるところまで手続きが進んでいる。奄美・琉球の遺産地域の候補とされているのは、奄美大島、徳之島、沖縄島北部（やんばる地域）、西表島の四島である。これらの島で十分な保護担保がとられれば、日本政府がユネスコ世界遺産センターへ推薦書を提出し、諮問機関であるIUCNの現地調査と評価を経て、世界遺産委員会の審議により「世界遺産一覧表」への記載の可否、つまり登録の可否が決定される。もっとも早ければ、平成三十年には奄美・琉球が世界自然遺産に登録される可能性があるのだ。

奄美・琉球が世界自然遺産に値すると見なされたのは、その生態系と生物多様性に「顕著な普遍的価値」が存在すると判断されたためである。第4章でも触れたように、奄美大島を含む琉球列島は、ユーラシア大陸と接続、分断を繰り返し、約百七十万年前には島嶼となった。このため、この地に取り残された遺存固有種や、この地で新たに種分化した新固有種が数多く存在する。また、その生態系の中には強力な捕食者である食肉性哺乳類が存在せず、大型の猛禽類もほとんど見られない。固有の動物の警戒心が概して薄いのは、おそらく捕食者が少なかったことと関係しているのだろう。さらに、黒潮が運ぶ温かく湿った空気は豊富な降水量を島にもたらし、温暖で湿潤な亜熱帯の常緑広葉樹林をはぐくんでいる。森林から流れ出る川の河口にはマングローブ林や干潟が広がり、沿岸部には、これも温かな黒潮の影響により美しいサンゴ礁が発達している。このように、多くの固有種をはぐくみ多様な景観を有する独特の島嶼生態系が、奄美・琉球の顕著な普遍的価値の一つなのである（口絵7〜12参照）。

もう一つの価値としては、これまでに述べてきたように、この地が世界的に見た生物多様性保全の重要地域であることが挙げられる。現在、奄美・琉球には国際的に見ても希少な生物が数多く生息、生育している。IUCNのレッドリストで「危急」以上に掲載されているものだけで五十種以上が数えられ、そのほとんどが奄美・琉球の固有種である。オオトラツグミはＩＵＣＮのリストでは独立種と見なされていないためこの中には入っていないが、アマミノクロウサギやアマミヤマシギなど、本書で何度も登場している生き物の生息地が奄美・琉球であり、その保全の重要性は国際的に認識されているのだ。

このような独自の生態系と生物多様性を含む重要な地域の保護を担保するために、現在環境省は奄美・琉球に国立公園を設置する計画を進めている。西表島は平成二十八年四月に国立公園の規模が拡張され、同年六月には沖縄島北部のやんばる地域に「やんばる国立公園」が誕生することが決まった。奄美大島と徳之島は沖縄の二つの島に後れをとっているが、近いうちに国立公園区域が設定されれば、世界自然遺産登録に向けて大きく前進することになるだろう。

問題は山積み

国立公園を指定し重要地域の保護を担保することは、世界自然遺産登録に向けた取り組みとしてたいへん重要であるが、それだけで奄美大島の自然が守られるかというと、もちろんそういうわけではない。解決すべき問題はまだまだたくさん残っている。

希少な昆虫や植物のように愛好家の多い生物は、採集によってその数を減らしている（図５・５）。人間による採集圧だけで絶滅に至ることはまずない、という意見もあるが、希少な植物や昆虫はもともと人為的な環境改変によって生息・生育地が狭められているため、盗採が絶滅の最後の引き金を引いてしまうことだってあるかもしれない。実際、湿地やため池、田んぼといった止水域に生息していた水生昆虫の中には、埋め立てや

図5･5　山中に残された昆虫採集用のトラップ．誘引物を入れたストッキングが釘で木に打ちつけられている．一部のマナーの悪い昆虫採集者が放置していったものだ

水田の減少により好適な生息環境が激減し、もはや危機的といってよい状況にある種も多い（苅部・北野、二〇一六）。唯一残った生息地に人為的な採集圧がかかれば、個体群が消失してしまう可能性はきわめて高い。また奄美大島には希少なランの仲間も多いが、これらの多くは非常に限られた繊細な環境でしか生育できず、島内で数株しか残っていないような種も存在する。そんな種が採集されてしまったら、それはもう絶滅に直結する。

ただし、生物を採集するマニアだけを問題視するのはフェアではないだろう。生物の生きている環境を一気に改変してしまう開発行為はより大きな問題である。宅地の開発、道路やトンネルの整備、河川の改修、海辺の護岸、リゾート開発、採石・採土など、わたしたちが豊かで安全、快適に生活していくために行われる開発が、生物の生息環境を奪う可能性があることも忘れてはならない。このような開発は、節度を持って行わなければ取り返しのつかない

図5・6　スダジイの芽生え．どんぐりから出たばかりのこの芽も，生き残れば七代先には見上げるような巨木になっているかもしれない．七代先のことを考えるのは難しいが，たとえばこの小さな芽生えを眺めることは，それを想像するきっかけとなるかもしれない

ことになりかねない。奄美大島には「ムングトゥヤナナディサキカンガエヨ」という言葉があるそうだ。漢字とひらがなで書き換えると「物事や七代先考えよ」となり、これは「なにか物事を行う際には、七代先のことまで考えて行いなさい」という教えである。七代先なんていうとはるか未来のようにも感じられるが、一世代を三十年から四十年と考えると、せいぜい二百年か三百年先だ。奄美大島がユーラシア大陸から離れて島となったのが百七十万年前。この島の自然がはぐくまれてきた長い年月を思うと、七代なんてあっという間である。開発の際に、たとえ環境に配慮しようと、法律を遵守していようと、先の世代のことを考えず目先の利益や快楽だけを見て行動する限り、それは先人の大切な教えを無視していると言わざるを得ない。開発を進める前に、その行為が、自分たちにとってではなく七代先の子孫にとってためになるのかならないのか、立ち止まって考えるべきであろう（図5・6）。

最近、鹿児島大学の高宮広土先生の研究によって明らかになったことだが、奄美大島を含む奄美・琉球の島々では、現生人類が島に到達した三万〜二万年前から近世に至るまでの間に、明らかに人間活動の影響によって絶滅した陸生の野生動物は一種も確認されていないそうだ（高宮、二〇一四）。それを先人が自然環境に配慮して賢明な暮らしをしていたためであると解釈するのは短絡的に過ぎるかもしれないが、こんなに小さな島々で、野生動物を一種たりとも絶滅させることなく共存してきたというのは、やはりすばらしいことではないか。それを考えると、やはりわたしたちの代で絶滅するような生き物を出してしまうのは、ご先祖様にも、七代先の子孫に対しても、顔向けできない重大な背徳行為であるように感じられる。人間は豊かな自然環境なしには生きていけない存在だ。そのことを自覚して暮らしを立てていくことを、とくに島という脆弱な自然環境の中に住んでいるわたしたちは、真剣に考えなければならない。

喫緊の課題、ノネコ

世界自然遺産登録に向けてかならず取り組まなくてはいけない大きな課題の一つが外来種対策である。奄美大島におけるマングースの問題は、奄美マングースバスターズの活躍によって解決の筋道が見えてきているが、今、マングースと同等かそれ以上に問題になっているのがノネコだ。ノネコとは、人間がペットとして飼っているイエネコ *Felis silvestris catus* が、なんらかの理由により野生下で生活するようになったもののことである。「なんらかの理由」とは、残念ながらすべて人間の勝手な都合である。たとえば飼えなくなったネコを山に捨てたり、放し飼いにしているネコが山の中に入っていったり、避妊去勢手術を受けていないそれらのネコが野

図5・7　2008年6月，森の中に設置された自動撮影カメラに衝撃的な画像が写った．アマミノクロウサギをくわえるノネコである．環境省奄美野生生物保護センター提供

生下で繁殖したり、そういったことでノネコの数は増えていく。そしてこのノネコが、奄美大島の山の中で希少な動物を食べているのだ（図5・7）。

京都大学の塩野﨑和美さん（現株式会社奄美野生動物研究所）が行った最新の研究により、奄美大島のノネコはケナガネズミ、アマミトゲネズミ、アマミノクロウサギといった希少な哺乳類を好んで食べていることがわかっている（塩野﨑、二〇一六a）。これは森の中に落ちていたノネコの糞を分析することによって、どのような動物がどれくらい食べられているのかを調べた地道な研究であるが、恐るべきはその頻度である。塩野﨑さんが分析した百二個の糞のうち、じつに九十七個（九十五パーセント）から上述の哺乳類の毛や骨などが出てきたのだ。つまり、森の中にいるノネコのほとんどは、程度の多少はあれ希少な哺乳類を食べて生活しているということになる。それでは、奄美大島の山の中にいるノネコの数はいったいどのくらいなのだろう。これも塩

図5・8　オーストンオオアカゲラをくわえて運ぶノネコ．オーストンオオアカゲラは奄美大島の固有亜種．地面近くで採餌することはあるものの，飛んで逃げることのできるこのキツツキを捕食することができるほど，ノネコのハンティング能力は高い．奄美マングースバスターズの自動撮影カメラによる撮影，環境省奄美野生生物保護センター提供

野崎さんが、自動撮影カメラに写ったノネコの画像をもとに推定している（塩野崎、二〇一六b）。その結果は、なんと六百五十一匹から千二百七十七匹。もちろん希少哺乳類が分布していないところに定着しているノネコもいるだろうから、これらすべてのノネコが希少哺乳類を襲っているというわけではないが、何百というノネコが森の中を徘徊しているのだから、相当数の哺乳類がノネコによって食べられているのは間違いないだろう。奄美マングースバスターズの活躍によりマングースが減少した現在、これらの希少哺乳類の個体数は回復傾向にあり、分布も広がっている。ようやく回復し始めたこれらの動物を、今度はノネコが食べることになるとはなんという皮肉だろうか。

鳥類に関しては、塩野崎さんの分析では意外にもあまり襲われていないようだ。それでもルリカケスやオーストンオオアカゲラ（図5・

図5·9　わたしが飼っているネコたち．山の中に捨てられていたものを引き取った

8）などはノネコに食べられているため、おもに地上で採食するオオトラツグミも食べられないはずはないと考えられる。

それでは、このノネコ問題を解決するにはどうすればよいだろう。マングースのように捕獲すればよい、のであるが、これは口で言うほど簡単ではない。マングースは捕獲作業を進めても、マングースがかわいそうだ、といった苦情がくることはまずない（過去にはあったけれど現在は皆無だ）。しかしノネコの場合、捕獲して万一それを殺してしまおうものなら、各種団体や個人から「ネコを殺すなんて許せない」と苦情が殺到するのは目に見えている。わたしだってネコが好きで、奄美大島の山の中で拾われたネコを二匹飼っているから、その気持ちはよくわかる（図5・9）。一方で、同じように奄美大島の生態系に害をなす外来の食肉性哺乳類なのに、マングースは殺してネコは殺さない、という判断は、あまり論理的な整合性がないようにも感じる。

いずれにしても、このままノネコを奄美大島の山の中に野放しにしておくことは、希少哺乳類のことを考えれば絶対に採ってはいけない選択だ。地元の自治体もこの問題に対する危機感は共有しており、対策も少しずつであるが進められている。ノネコの捕獲を開始した場合、その捕獲したノネコをどうするか。これは行政だけでなく、奄美大島の住民全員が考えるべき問題だろう。考えた結果、最低でも六百五十匹以上いると推定されるノネコをすべて保護して順化し、新しい飼い主を探すような施設を作るというのも一つの方法だ。徳之島では実際にそういった取り組みが地元の自治体により進められている。そうではなく、捕獲した個体はかわいそうだけれど殺してしまう、というのもまた一つの方法だろう。徳之島より面積が大きく、ノネコの数もはるかに多い奄美大島では、そちらの方がより現実的かもしれない。どちらを選んでも厳しい道のりであることは想像できるが、とにもかくにも、ノネコの捕獲が早急に開始されない限り、世界自然遺産登録など困難と考えるべきだろう。

奄美大島のこれから

世界自然遺産登録に向け解決すべき課題のいくつかをここまで述べてきたが、間違ってはならないのは、「世界自然遺産登録のために」これらの課題を解決するのではない、ということだ。世界遺産とは、そこが将来にわたり保存すべき人類共通の遺産であることを示すラベルのようなものである。確かにそのラベルの効用は絶大で、観光客の増加やブランド力の強化などを通して地域経済に与える効果は相当に大きいだろう。しかし経済効果だけが登録の目的ではない。目指すべきはそのラベルをもらうことではなく、ラベルに値するようその遺産の価値を、奄美・琉球でいえばその世界に類を見ない固有性と生物多様性を、きちんと守っていくことだ。こんなことを書くと怒られるかもしれないが、わたしは万一奄美・琉球が世界自然遺産に登録されなかったとしてもぜんぜんかまわないと思っている。たとえ登録されなくても、それは奄美・琉球が世界自然遺産の登録基準を満たさなかったのではなく、単に世界自然遺産が奄美・琉球の価値を表すのに不十分だったと捉えればよいのだ。奄美・琉球の自然には、他からの評価に左右されない確固たる価値があるとわたしは確信している。

不景気な想像をするのはやめておこう。奄美・琉球は、このまま順調に準備が進めばおそらく世界自然遺産に登録されるであろう。そしてその準備には、国が、県が、地元の市町村が、そして各種の民間団体や個人が、それぞれの立場から関与している。とくに奄美大島がすばらしいと思うのは、自然を守るために活動する民間団体や個人、つまり地元のナチュラリストがとても多いことだ。各団体、個人がそれぞれ得意とする分野で積極的に活動し、島内に研究機関がほとんどないにもかかわらず、その活動は科学の進展や自然環境の保全に確実に貢献している。すでに何度も紹介している『奄美群島の自然史学』は島外から来た研究者によって書かれた書籍であるが、それらの研究者の多くが、多かれ少なかれこれらのナチュラリストたちの協力を得て研究を進めている。こうしたナチュラリストの活躍も、世界自然遺産登録の力強い支えになるに違いない。

世界自然遺産に値するかどうかの証明は緻密な明文化が必要であるが、奄美大島を含む奄美・琉球の島々が世界で唯一無二の存在であることは、オオトラツグミをはじめとする生き物たちがいちばん雄弁に物語っている。そして、日々それらの生き物に接している地元のナチュラリストや研究者は、つねにそのことを生き物たちから教えられているのだ。そのナチュラリストや研究者の一角に自分が位置していることを、わたしは今、とても誇らしく思っている。

最後の最後に、少しだけ自分の職について書くことを許していただきたい。わたしは環境省奄美野生生物保護センターの自然保護専門員であるが、この職は環境省の職員（国家公務員）ではない。東京にある一般財団法人自然環境研究センターから派遣されている、いわゆる派遣職員である。常勤の研究職に就けていないという点では、わたしは研究者の中の「落ちこぼれ」の一人であるといわざるを得ないだろう。しかしこの落ちこぼれが就いている自然保護専門員という職は、将来の不安はつねにあるとはいえ、存外悪くない。対象種が限定された「保護増殖事業」の枠の中で研究しなければならないという制約はあるが、それはそれでやりがいのあることだし、なにより鳥の研究で食べていけるのはありがたいことだ。自然保護専門員は全国に数えるほどしかいないけれど、この職はつねに現場に身を置き、行政と研究の橋渡しをする貴重な立場である。自然保護専門員が環境行政にとって有益な存在であると認識してもらうためにも、わたし自身、きちんと成果を出していかねばならない。

これまでの成果でいえば、その内容はややローカルでスペシフィックではあるけれど、世の中の一角では確かになんらかの役に立っているはずである。オオトラツグミから「幻の鳥」という形容を取り除いたということも、ささやかではあるがそういった世の中に対する貢献の一つだろう（本書のタイトルの「幻の鳥」の部分をあえてかっこ書きにしたのは、オオトラツグミがもはや「幻の鳥」ではないことを強調したかったためだ）。これからもオオトラツグミを追いかけて、新たな発見を積み重ねていきたいと思う。そして、研究を通じてこの魅力的な鳥の住む奄美大島の自然環境の保全に貢献することができれば、行き当たりばったりの選択による紆余曲折を経てここに至ったのにも、じつに大切な意味があったということになるだろう。

おわりに

再び奄美大島、三月下旬の午前七時、湯湾岳の中腹。ほんの少しのつもりだったのに、来し方行く末などぼんやりと考えつつ、思いのほか長く横になりうつらうつらしてしまったようだ。鳥たちのさえずりは、さっきまでよりずいぶん少なくなった。そろそろ起き上がらなければ、と思ったちょうどそのとき、突然すぐ横の木の幹から「タラララララ……」という軽快な音が響き渡る。オーストンオオアカゲラのドラミングだ。木の幹をつつく大きな音で、なわばりを宣言したり異性を呼んだりしているのだろう。

オーストンオオアカゲラにすっかり眠気を奪われ、身体を起こして帰り支度を始める。今日はこれからいったん家に帰って朝食をとり、八時半には職場に出勤しなければならない。いくつか用事を済ませた後に、もう一度この場所に戻ってきてみようか。先ほど二羽のオオトラツグミがいた辺りの森の中を歩いてみよう。二羽がつがいだとすれば、運がよければ巣を作っている姿を見つけられるかもしれない。オオトラツグミが巣を作る現場など、これまでだれも観察したことがない。巣作りはつがいが協力して行うのだろうか、それともどちらか一方の性だけが作業をするのだろうか。巣材として使用するコケは、巣からどれくらい離れた場所から集めてくるのだろう。大量のコケをくちばしにくわえて運ぶ様子や、それを器用に整えてお椀のような巣を作り上げる過程はぜひ見てみたい。オオトラツグミについてわかっていないことは山ほどあり、解明すべき謎はまだまだ残っている。そして、わたしは奄美大島に住んでこのオオトラツグミを調査することを職業にする、世界で唯一の人間だ。この鳥についてわたしが新たに知ること、それはたとえどんなに些細なことでも、たぶん世界中の人々がこれまでまったく知らなかったことなのだ。さまざまな生き物に囲まれたこの魅力的な島で、これまた魅力的な鳥を相手に研究をする。こんなにわくわくする仕事が、他にあるだろうか。

あとがき

この『フィールドの生物学』は、新進気鋭の研究者たちが自身の研究について熱く語る書籍のシリーズである。しかし本書は、というより本書の著者は、これまでのシリーズと少し異なる点があるように思う。それは、まず「新進」ではないこと。実年齢、執筆時の年齢とも、わたしはシリーズの中でおそらくもっとも高いのではないだろうか。自分が不惑を過ぎ、バカボンのパパの年齢をも超えていると気づいたときには愕然としたものだが、それも数年前のことだ。とても「新進」とはいえない。「気鋭」であるともまたいいがたい。自分の研究の方向性についてはつねに迷い、惑うことばかりだし、「これでいいのだ」と納得できるような論文は、今もって書けていない。「新進気鋭の研究者による著作」というシリーズのコンセプトを揺るがす、そんな人間に執筆の機会を与えてくださった東海大学出版部の稲 英史さんの蛮勇に、まずは最大限の感謝を申し上げる。いや、蛮勇などといっては失礼だろう。いい年をしてうだつの上がらないわたしに、稲さんは自分をアピールする機会を与えてくださったのだ。そうしていただいた機会なのに、執筆は遅れに遅れ、原稿を渡すのがたいへん遅くなってしまったことについても、ここでお詫びしておきたい。

稲さんには『奄美群島の自然史学』の出版でお世話になったのだが、その出版について相談をした際に思いがけず勧めていただいたのが本書の執筆である。本書は、だから『奄美群島の自然史学』の副産物といってもよいだろう。『奄美群島の自然史学』に原稿を寄せていただいた方々には、この場を借りて心から感謝を申し上げたい。本文でも紹介したが、その出版を後押ししてくださった、小高信彦さん、川北 篤さん、那須義次さんの三名には重ねてお礼を申し上げる。

本書を書くためにこれまでの研究を振り返ってみれば、じつに多くの人のお世話になってきたことにあらためて気づかされる。山岸　哲先生をはじめ、幸田正典さん、今福道夫さん、森　哲さん、長谷川雅美さんには、所属した研究室の教官としてさまざまなご指導をいただいた。環境省奄美野生生物保護センターの歴代自然保護官と職員の皆様、および環境省那覇自然環境事務所の皆様は、実務ではとんと役に立たない自然保護専門員をいつも温かく見守ってくださっている。また、本文中でお名前を挙げさせていただいた方々には、研究を進める上でも実生活の面でもたいへんお世話になった。あまりに多く、ここで再びお名前を列記することはできないので、本文中にお名前を挙げたことで、謝辞の代わりとさせていただきたい。もちろん、話の展開上お名前を挙げる機会がなかった方々にもたくさんお世話になっている。礼を失しているのを承知の上で「お世話になったすべての皆様」と一括りにさせていただき、感謝を申し上げる次第である。

オオトラツグミについてはいずれなんらかの形でまとめて本にしたいと夢想してはいたが、その実現が少々早すぎて、オオトラツグミだけで一冊にするには内容がやや足りなかった。いや、本当はまだまだ紹介したい話はあるのだけれど、それらはまだ論文化できていなかったり、データを取っている最中であったり、あるいはデータすら取っていない構想段階だったりして、とても文章として発表することができなかったのだ。その代わり、その足りない分に、奄美大島に来るまでに経験してきた研究の話を充てることにした。昔のことを思い出して文章にするのは思いがけず楽しい作業であったため、そちらの話も相当長くなってしまった。もっとも著者は楽しかったが、それを読まされる読者にとってはどうだろう。『「幻の鳥」オオトラツグミはキョローンと鳴く』というタイトルとこの中身のずれについて、「羊頭狗肉」ととるか「一粒で二度おいしい」ととるかは、読者の判断に任せたい。もちろん著者としては後者ととってもらえることを切に願っている。

本書に掲載した写真のいくつかは、長船裕紀さん、藤井忠志さん、渡邊 治さん、森 哲さん、高 美喜男さん、常田 守さん，呉 采諭さん、および環境省奄美野生生物保護センター、奄美マングースバスターズにご提供いただいた。カワリサンコウチョウの写真も手持ちのものがなく、北村俊平さんに相談したところ、Narong Jirawatkavi さんを紹介していただき、彼を介して Kulpat Saralamba さんと Kittiyarn Sampantarak さんのお二人からお借りすることができた（メールのやり取りをしてわかったことだが、Narong さんとは二十年以上前に一度タイでお会いしていたようだ。袖振り合うも多生の縁とはこのことか）。また、NPO法人奄美野鳥の会にはオオトラツグミさえずり個体一斉調査の結果を掲載することを快く許可していただいた。さまざまな形で関わり合いになったこれらの方々のご協力のもとに、本書は成立している。

本文にも書いたように、わたしの研究は「ローカルでスペシフィック」な内容が多く、生態学的に見て目新しい知見や斬新なアイデアが含まれているわけではない。それゆえ、プロの研究者が読んでも得るものはもしかしたら少ないかもしれない。それでも、迷いながら、苦しみながら、そして楽しみながら研究を進めてきた過程を書くことは、これから研究を始めようとする人にとっては、なにがしかの役に立つかもしれない。そう考え、本書では想定する読者層を、かつてのわたしがそうであったように「研究の世界に憧れつつも、自分がそこでやっていけるのか不安に思っている若者」に置くことにした。本書が迷える若者の背中を少しでも押すような内容になっていれば、と思う。ただし、背中を押されたその先には千尋の谷が待ち受けている可能性もないわけではないので、そこは自己責任で進んでいただきたい。もちろん、そういった若者だけでなく、本書がオオトラツグミや奄美大島の自然に関心を持つ人にとって面白く読める文章になっていれば、これほど嬉しいことはない。いや、関心がない人にも読んでもらって、オオトラツグミや奄美大島に対し一人でも多く関心を持ってもらうことができれば、執筆の目的は達成されたということになるだろう。

なお、本書は環境省の保護増殖事業の中で行われた研究について書いているが、記述に誤りや環境省の公式見解に合わない部分がもしあれば、そしてそこからなんらかの問題が生じるとすれば、それはすべてわたし個人が負うべき責任であることは明記しておきたい。

本書の原稿を業務時間中に書くわけにはいかないため、執筆は野生生物保護センターでの仕事が終わってから、あるいは休日に、自宅で進めた。無理がたたったのか、原稿を書き上げる寸前に猛烈な頭痛を伴う夏風邪をひいて寝込むことになり、妻には大きな負担をかけた。また、父親がパソコンに向かうことを許さない遊びたい盛りの四歳の息子は、執筆を進めたい父親に土曜日も保育所に送り込まれる羽目になった。それでも文句一つ言わず保育所に行く健気な息子であった。最後になったが、この大切な妻と息子に、この場を借りてありがとう、そしてこれからもよろしく、と伝えたい。

水田　拓

二〇一六年、イジュの花が咲き実を結ぶ季節、奄美大島にて

745.
佐々木和音，2014．オオトラツグミの安定同位体比分析からみた食性．日本大学生物資源科学部生物環境工学科 平成25年度卒業論文．
塩野﨑和美，2016a．好物は希少哺乳類 奄美大島のノネコのお話．*In*: 水田 拓（編著）．奄美群島の自然史学 亜熱帯島嶼の生物多様性．東海大学出版部，平塚．
塩野﨑和美，2016b．奄美大島における外来種としてのイエネコが希少在来哺乳類に及ぼす影響と希少種保全を目的とした対策についての研究．京都大学博士学位論文．
Sugimura, K., 1988. The role of government subsidies in the population decline of some unique wildlife species on Amami Oshima, Japan. *Environmental Conservation*, 15: 49–57.
高宮広土，2014．琉球列島の環境と先史・原史文化．*In*: 青山和夫・米延仁志・坂井正人・高宮広土．マヤ・アンデス・琉球 環境考古学で読み解く「敗者の文明」．朝日新聞出版，東京．
高 美喜男・藤本勝典・川口和範・川口秀美・石田 健，2002．オオトラツグミの初めて観察された巣立ちまでの営巣経過2例．*Strix*, 20: 71–77.
渡辺美郎・籠島恵介，2016．沖縄県与那国島におけるカワリサンコウチョウ *Terpsiphone paradisi* の観察記録．日本鳥学会誌，65: 43–45.
Watari, Y., Takatsuki, S. and Miyashita, T., 2008. Effects of exotic mongoose (*Herpestes javanicus*) on the native fauna of Amami-Oshima Island, southern Japan, estimated by distribution patterns along the historical gradient of mongoose invasion. *Biological Invasions*, 10: 7–17.
山岸 哲，1991．マダガスカル自然紀行―進化の実験室．中公新書，東京．
山岸 哲（編著），2002．アカオオハシモズの社会．京都大学学術出版会，京都．
山階芳麿，1980．日本の鳥類と其の生態．出版科学総合研究所，東京．

130.
Mizuta, T., 2009. Nest-site characteristics affecting the risk of nest predation in the Madagascar Paradise Flycatcher *Terpsiphone mutata*: identification of predators and time of nest predation. *Ornithological Science*, 8: 37–42.
Mizuta, T., 2014a. Habitat requirements of the endangered Amami Thrush (*Zoothera dauma major*), endemic to Amami-Oshima Island, southwestern Japan. *The Wilson Journal of Ornithology*, 126: 298–304.
Mizuta, T., 2014b. Moonlight-related mortality: lunar conditions and roadkill occurrence in the Amami Woodcock *Scolopax mira*. *The Wilson Journal of Ornithology*, 126: 544–552.
Mizuta, T. and Yamagishi, S., 1998. Breeding biology of monogamous Asian Paradise Flycatcher *Terpsiphone paradisi* (Aves: Monarchinae): a special reference to colour dimorphism and exaggerated long tails in male. *The Raffles bulletin of Zoology*, 46: 101–112.
Mizuta, T., Takashi, M., Torikai, H., Watanabe, T. and Fukasawa, K., 2016. Song-count surveys and population estimates reveal the recovery of the endangered Amami Thrush *Zoothera dauma major*, which is endemic to Amami-Oshima Island in south-western Japan. *Bird Conservation International*, in press.
Møller, A. P., 1988. Female choice selects for male sexual tail ornaments in the monogamous swallow. *Nature*, 332: 640–642.
Mulder, R. A., Ramiarison, R. and Emahalala, R. E., 2002. Ontogeny of male plumage dichromatism in Madagascar paradise-flycatchers *Terpsiphone mutata*. *Journal of Avian Biology*, 33: 342–348.
Newton, I., 1998. *Population limitation in birds*. Academic Press, San Diego and London.
日本鳥学会，2012．日本鳥類目録改訂第 7 版．日本鳥学会，三田.
Nishiumi, I. and Morioka, H., 2009. A New Subspecies of *Zoothera dauma* (Aves, Turdidae) from Iriomotejima, Southern Ryukyus, with Comments on *Z. d. toratugumi*. *Bulletin of the National Museum of Nature and Science. Series A*, 35: 113–124.
Riley, J. H., 1938. Birds from Siam and the Malay peninsula in the United States National Museum collected by Drs. Hugh M. Smith and William L. Abbott. *Bulletin of the United States National Museum*, 172: 465–467.
Saitoh, T., Sugita, N., Someya, S., Iwami, Y., Kobayashi, S., Kamigaichi, H., Higuchi, A., Asai, S., Yamamoto, Y. and Nishiumi, I., 2015. DNA barcoding reveals 24 distinct lineages as cryptic bird species candidates in and around the Japanese Archipelago. *Molecular Ecology Resources*, 15: 177–186.
迫田　拓・永井弓子・水田　拓，2007．アマミハナサキガエル *Rana amamiensis* 幼生の野外での初確認．爬虫両棲類学会報，2007(1): 5–8.
Salomonsen, F., 1933. Revision of the group *Tchitrea affinis* Blyth. *Ibis*, 75: 730–

生物―レッドデータブック―２鳥類．自然環境研究センター，東京．
環境省自然環境局野生生物課希少種保全推進室，2014．レッドデータブック2014―日本の絶滅のおそれのある野生生物―２鳥類．ぎょうせい，東京．
苅部治紀・北野　忠，2016．危機におちいる奄美群島の止水性水生昆虫たち―湿地環境の消失・劣化と外来生物の影響．*In*: 水田　拓（編著）．奄美群島の自然史学 亜熱帯島嶼の生物多様性．東海大学出版部，平塚．
Khan A. A. and Yamaguchi, Y., 2000. First nidification and breeding biology of Amami Thrush *Zoothera dauma major* (Ogawa), Amami Oshima, Japan. *Japanese Journal of Ornithology*, 49: 139–144.
北村俊平，2009．サイチョウ―熱帯の森にタネをまく巨鳥―．東海大学出版会，秦野．
クレブス，J. R.，デイビス，N. B.，1991．行動生態学（原著第２版）．（山岸　哲，巌佐　庸共訳）．蒼樹書房，横浜．
Lack, D., 1968. *Ecological adaptations for breeding in birds*. Chapman and Hall, London.
Lekagul, B. and Round, P. D., 1991. *A Guide to the Birds of Thailand*. Saha Karn Bhaet Co., Ltd., Bangkok.
水田　拓，2002．アカオオハシモズの住む森アンピジュルア．*In*: 山岸　哲（編著）．アカオオハシモズの社会．京都大学学術出版会，京都．
水田　拓，2007．温度データロガーによるマダガスカルサンコウチョウの巣の捕食者と捕食時間帯の特定．*Bird Research*, 3: T21–T28.
水田　拓・鳥飼久裕・石田　健，2009．月の明るさが道路上に出現するアマミヤマシギの個体数に与える影響．日本鳥学会誌，58: 91–97.
水田　拓（編著），2016．奄美群島の自然史学 亜熱帯島嶼の生物多様性．東海大学出版部，平塚．
Mizuta, T., 1998a. The breeding biology of the Black Paradise Flycatcher *Terpsiphone atrocaudata*. *Japanese Journal of Ornithology*, 47: 25–28.
Mizuta, T., 1998b. The breeding biology of the Asian Paradise Flycatcher *Terpsiphone paradisi* in Khao Pra-Bang Khram Wildlife Sanctuary, southern Thailand. *Natural History Bulletin of the Siam Society*, 46: 27–42.
Mizuta, T., 2000. Intrusion into neighboring home range by male Madagascar paradise flycatchers, *Terpsiphone mutata*: a circumstantial evidence for extra-pair copulation. *Journal of Ethology*, 18: 123–126.
Mizuta, T., 2002a. Breeding biology of the Madagascar Paradise Flycatcher, *Terpsiphone mutata*, with special reference to plumage variation in males. *Ostrich*, 73: 59–78.
Mizuta, T., 2002b. Predation by *Eulemur fulvus fulvus* on a nestling of *Terpsiphone mutata* (Aves: Monarchidae) in dry forest in north-western Madagascar. *Folia Primatologica*, 73: 217–219.
Mizuta, T., 2003. The development of plumage polymorphism in male Madagascar paradise flycatcher *Terpsiphone mutata*. *African Journal of Ecology*, 41: 124–

引用文献

秋山吉幸，1968．三光鳥の繁殖生活（予報）．信州大学志賀自然教育研究施設研究業績，7: 761-766.

Ali, S. and Ripley, S. D., 1972. *Handbook of the Birds of India and Pakistan. Vol. 7.* Oxford University Press, Bombay.

奄美野鳥の会，1997．オオトラツグミのさえずり個体のセンサス結果（1996 年春）．*Strix*, 15: 117-121.

Andersson, M., 1982. Female choice selects for extreme tail length in a widowbird. *Nature*, 299: 818-820.

浅井芝樹，2009．クマタカの遺伝的多様性．*In*: 山岸　哲（監修）．山階鳥類研究所（編）．保全鳥類学．京都大学学術出版会，京都.

Clement, P. and Hathway, R., 2000. *Thrushes*. Christopher Helm, London.

Fabre, P-H., Moltensen, M., Fjeldså, J., Irestedt, M., Lessard, J-P. and Jønsson, K. A., 2012. Multiple waves of colonization by monarch flycatchers (Myiagra, Monarchidae) across the Indo-Pacific and their implications for coexistence and speciation. *Journal of Biogeography*, 41: 274-286.

藤井忠志・渡邊　治，2012．2 個体の雄が関与したサンコウチョウの繁殖行動の観察．*Bird Research*, 8: S25-S30.

Fukasawa, K., Hashimoto, T., Tatara, M. and Abe, S., 2013. Reconstruction and prediction of invasive mongoose population dynamics from history of introduction and management: a Bayesian state-space modelling approach. *Journal of Applied Ecology*, 50: 469-478.

Gill, F. and Donsker, D. (Eds), 2015. *IOC World Bird List* (v 5.4). doi:10.14344/IOC.ML.5.4.

橋本琢磨・諸澤崇裕・深澤圭太，2016．奄美から世界を驚かせよう 奄美大島におけるマングース防除事業，世界最大規模の根絶へ．*In*: 水田　拓（編著）．奄美群島の自然史学 亜熱帯島嶼の生物多様性．東海大学出版部．平塚.

Higuchi, H. and Morishita, E., 1999. Population declines of tropical migratory birds in Japan. *Actinia*, 12: 51-59.

平川浩文・樋口広芳，1997．生物多様性の保全をどう理解するか．科学，67(10): 725-731.

Itoh, S., 1991. Geographical variation of the plumage polymorphism in the Eastern Reef Heron (*Egretta sacra*). *Condor*, 93: 383-389.

Johnson, T. H. and Stattersfield, A. J., 1990. A global review of island endemic birds. *Ibis*, 132: 167-180.

環境省自然環境局生物多様性センター，2001．遺伝的多様性とは．http://www.biodic.go.jp/reports2/5th/gdiv/5_gdiv.pdf（オンライン，2016 年 6 月 30 日確認）.

環境省自然環境局野生生物課，2002．改訂・日本の絶滅のおそれのある野生

索引

著者紹介

水田　拓（みずた　たく）
1970年京都市生まれ．
京都大学大学院理学研究科博士後期課程修了．博士（理学）．
環境省奄美野生生物保護センターにて自然保護専門員を務める．おもな著書として，『アカオオハシモズの社会』（分担執筆，京都大学学術出版会），『奄美群島の自然史学 亜熱帯島嶼の生物多様性』（編著，東海大学出版部）．奄美大島に在住し，そこに生息する希少鳥類の研究と保全に携わっている．

フィールドの生物学《せいぶつがく》㉓
「幻《まぼろし》の鳥《とり》」オオトラツグミはキョローンと鳴《な》く

2016年12月20日　第1版第1刷発行

著　者　水田　拓
発行者　橋本敏明
発行所　東海大学出版部
〒259-1292 神奈川県平塚市北金目4-1-1
TEL 0463-58-7811　FAX 0463-58-7833
URL http://www.press.tokai.ac.jp/
振替　00100-5-46614
印刷所　港北出版印刷株式会社
製本所　誠製本株式会社

ISBN978-4-486-02118-6